手工坊玩趣童装系列

亲手给宝宝织童真毛衣

0~3岁

鲁红英／编

中国纺织出版社

内 容 提 要

本书共收录了40款小宝宝衣服，适合0～3岁的小宝宝，男女款兼备。款式丰富且造型时尚。每款衣服以生动的实例欣赏，搭配详细清晰的图解教程，将衣服各部分的编织方法完整地分解，让读者切实了解衣服的编织过程，并运用到具体的实践中。

图书在版编目（CIP）数据

亲手给宝宝织童真毛衣.0～3岁/ 鲁红英编. — 北京：中国纺织出版社，2016.12

（手工坊玩趣童装系列）

ISBN 978-7-5180-3050-7

Ⅰ．①亲… Ⅱ．①鲁… Ⅲ．①童服—毛衣—编织—图集 Ⅳ．①TS941.763.1-64

中国版本图书馆CIP数据核字（2016）第252599号

责任编辑：刘 茸　　　　　　　　　责任印制：储志伟
编　 委：石 榴　曾婉阳　谭水灵　　封面设计：陈杨东易

中国纺织出版社出版发行
地址：北京市朝阳区百子湾东里A407号楼　　邮政编码：100124
销售电话：010-87155894　传真：010-87155801
http://www.c-textilep.com
E-mail:faxing@c-textilep.com
湖南雅嘉彩色印刷有限公司　　各地新华书店经销
2016年12月第1版第1次印刷
开本：889×1194　1 / 16　印张：10
字数：100千字　定价：32.80元

作者简介

鲁红英，别名：鲁丽，1986年出生于美丽的山城重庆，现居浙江桐乡。

一直以来热衷于手工编织，喜欢设计各种各样的颜色搭配，总会把空闲的时间利用起来，创作出一款又一款的时尚宝贝毛衣。每次出差或者旅行都会带着心爱的毛线，有时的创作灵感就来自于某一次的旅行或者某一生活瞬间。

看到一些退休阿姨与年轻姑娘们从编织过程中收获到喜悦和成就感，便会发自内心的喜悦，更加坚定走自己创作之路的信念。目前经营一家淘宝店"温暖你心手工编织吧"，并且有自己的编织俱乐部，希望能够把个人的创作分享给更多编织爱好者，与大家一起分享这独特的编织乐趣。

本书模特：贺馨瑶、朱灏哲、刘子琪

目 录

绿色造型短袖衫

制作方法 ┈┈┈┈► P 81

粉嫩花朵短袖衫

制作方法 ·········► P 83

粉嫩波浪边套头衫

制作方法 ·········► P 85

红色卡通背心

制作方法 制作方法 ⋯⋯⋯► P 87

4

黄色舒适开衫

制作方法 P 88

6

粉橘色球球小开衫

制作方法 ·········► P 89

玫红色荷叶边套头衫

制作方法 ········► P 93

7

18

蓝色包臀裙

制作方法 ·········▶ P 95

9

俏皮波浪边短裙

制作方法 ⋯⋯⋯➤ P 96

灰黑色波浪边短袖衫

制作方法 ━━━━━► P 97

墨绿色圆领短袖衫

制作方法 ·········► P 99

12

紫色胸花装饰小衫

制作方法 ········► P 100

13

蓝色娃娃套头衫

制作方法 ⋯⋯⋯▶ P 101

14

蓝色菱形花样开衫

制作方法 ⋯⋯⋯▶ P 103

拼色荷叶边套头衫

制作方法 ·········▶ P 105

15

16

红色小口袋开衫

制作方法 ┈┈┈► P 107

17

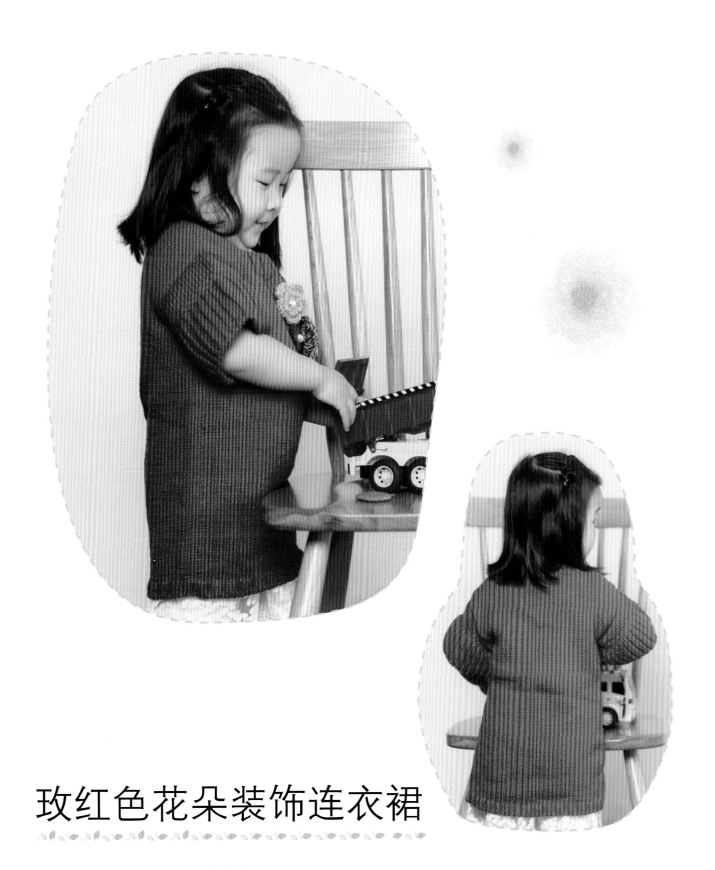

玫红色花朵装饰连衣裙

制作方法 ········ ▶ P 109

红色烟囱领套头衫

制作方法 ⸺▶ P 110

18

19

绿色花朵荷叶边开衫

制作方法 ┈┈► P 112

黄色蝴蝶结连衣裙

制作方法 ·········▶ P 117

20

红色荷叶边套头衫

制作方法 ┄┄┄► P 115

ZZ

绿色七分袖花朵套头衫

制作方法 ──────► P 117

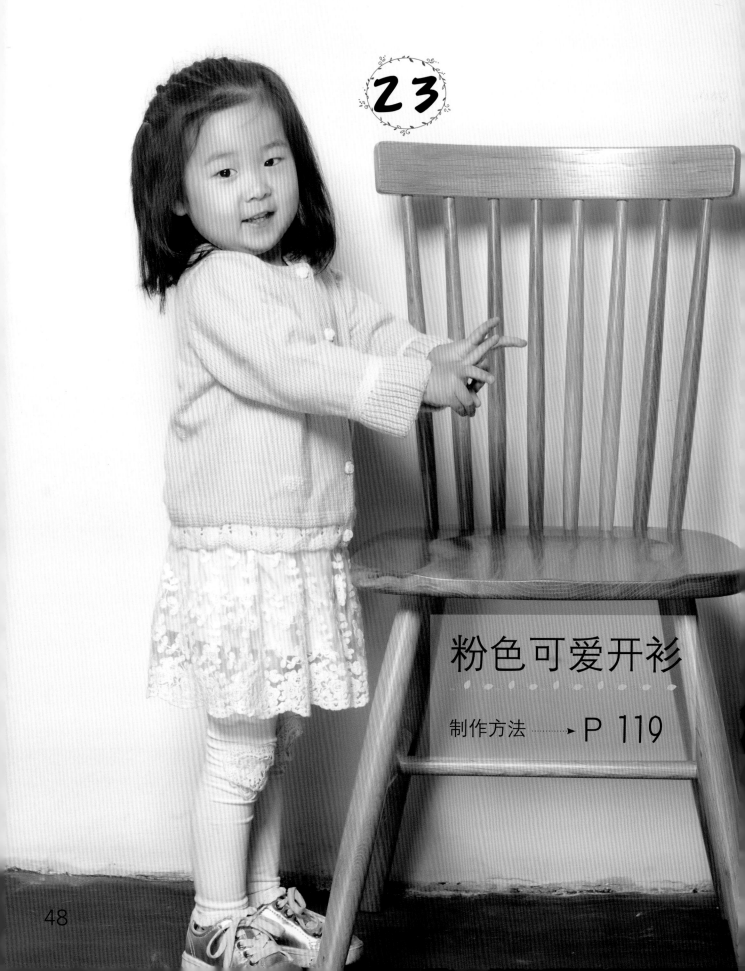

23

粉色可爱开衫

制作方法 ·········► P 119

48

24

深红色荷叶边套头衫

制作方法 ⸺▶ P 122

25

紫色方块花样小开衫

制作方法 ·········► P 125

枣红色麻花花样套头衫

制作方法 ········▶ P 126

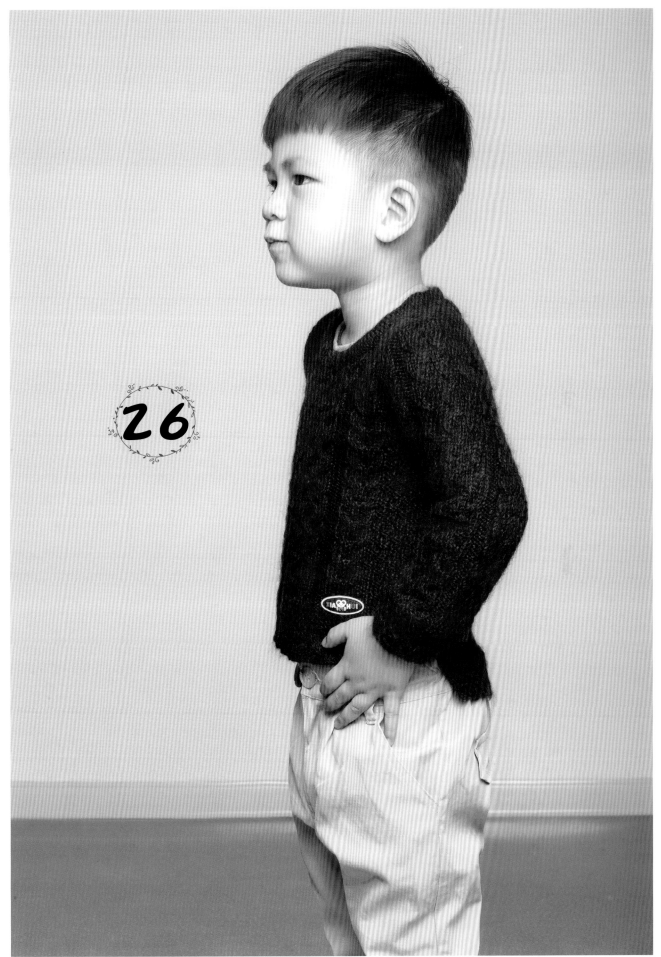

26

大翻领拼色开衫

制作方法 ⋯⋯⋯▶ P 128

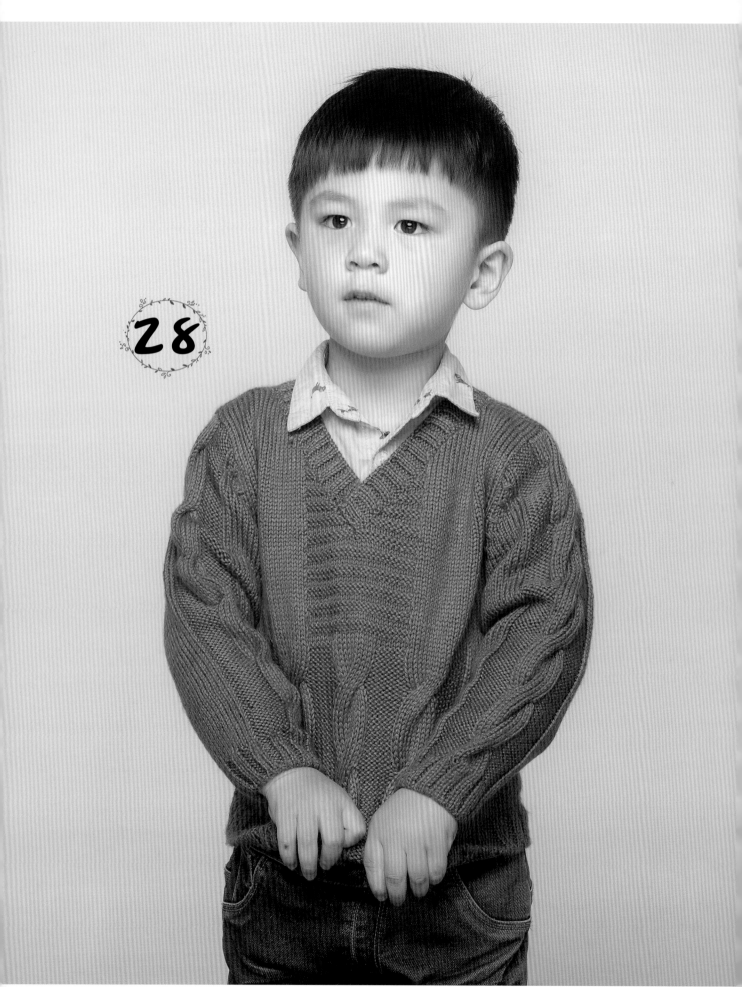

28

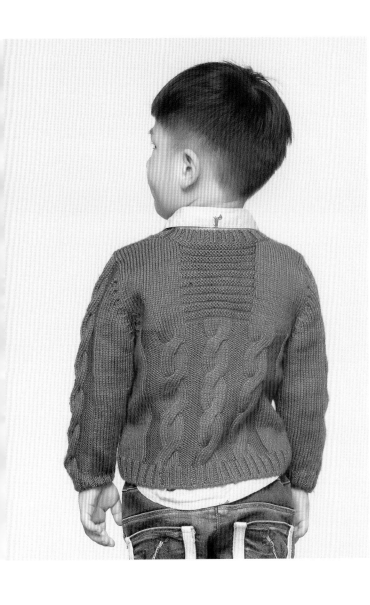

蓝色麻花花样套头衫

制作方法 ········► P 130

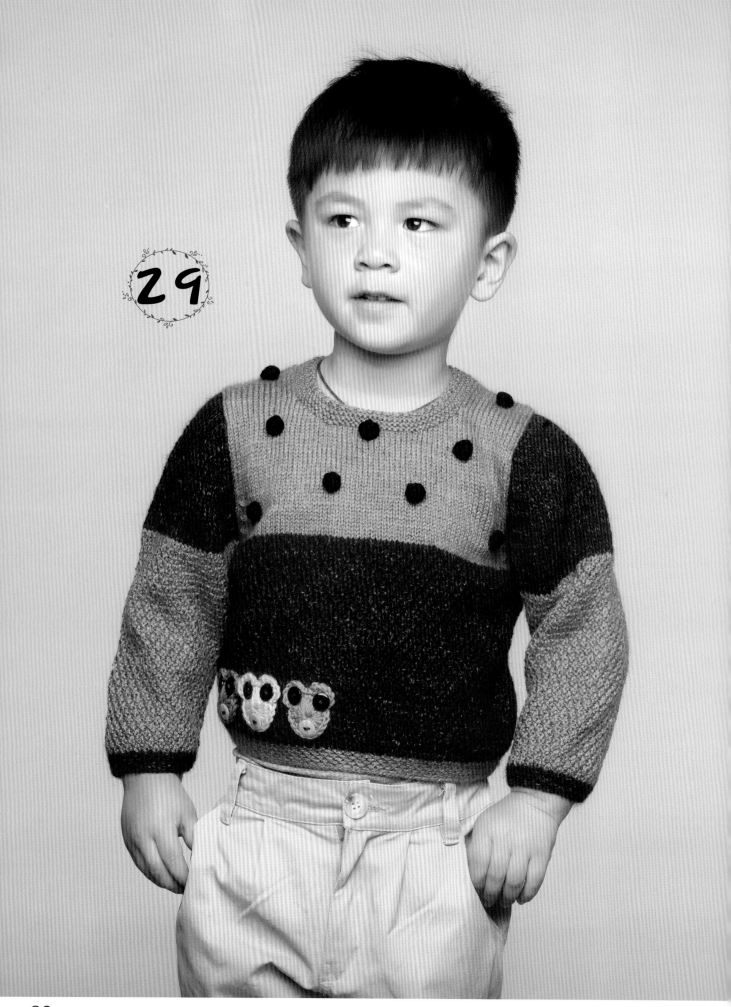

29

拼色小球套头衫

制作方法 ········· ▶ P 132

30

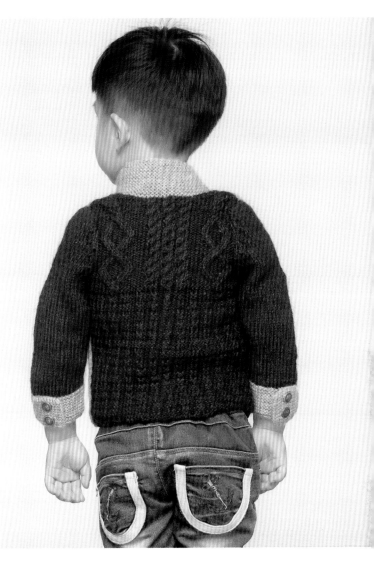

拼色双排扣外套

制作方法 ⋯⋯⋯▶ P 133

31

红棕色高领竖条纹套头衫

制作方法 ⋯⋯⋯▶ P 135

32

米色竖条纹套头衫

制作方法 → P 137

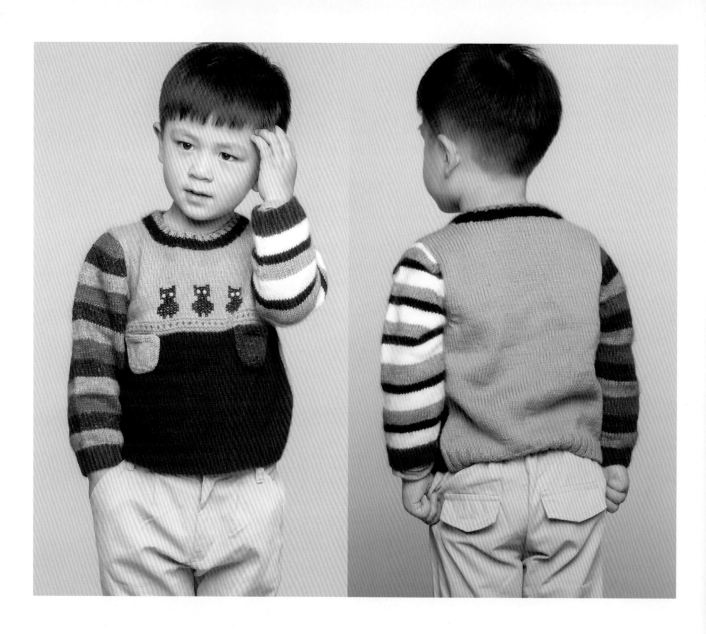

拼色条纹卡通套头衫

制作方法 ·········► P 138

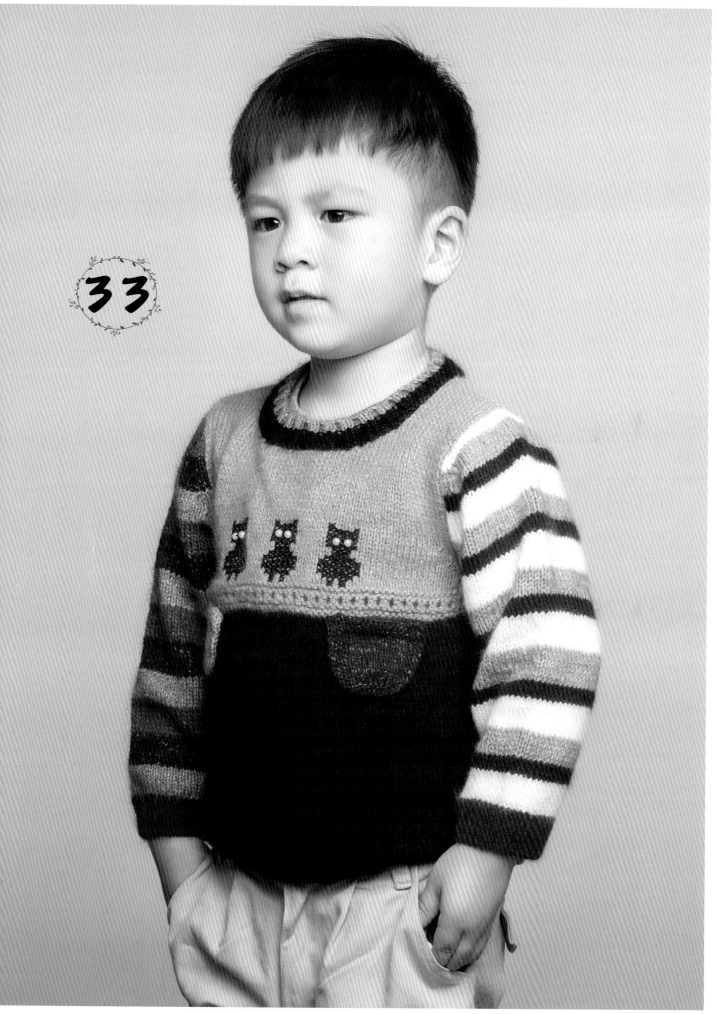

33

34

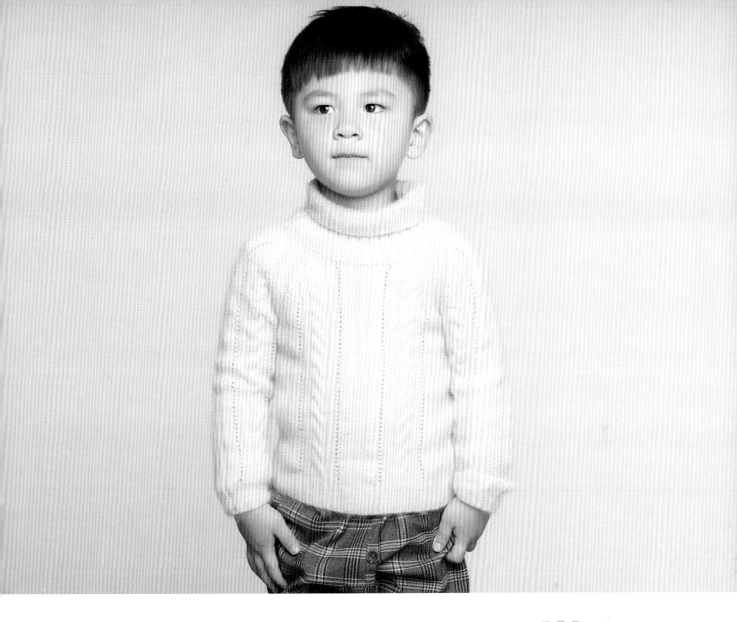

米色麻花花样
高领套头衫

制作方法 ⸺➤ P 140

墨绿色拼色套头衫

制作方法 ······▶ P 142

五彩段染小背心

制作方法 ········► P 144

36

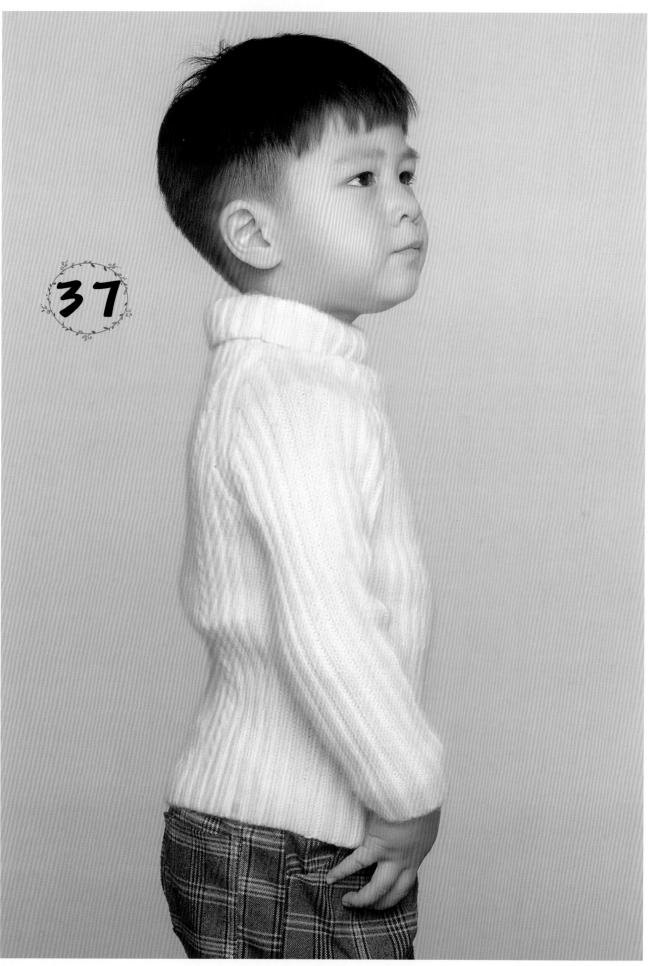

37

白色竖条纹高领套头衫

制作方法  → P 145

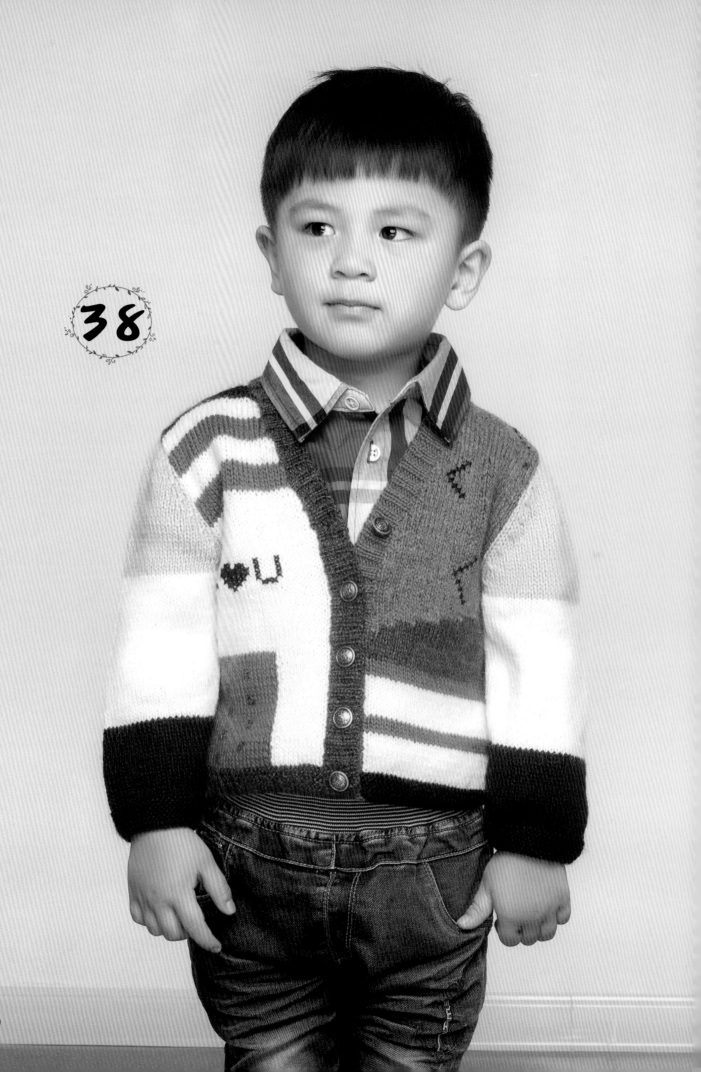

38

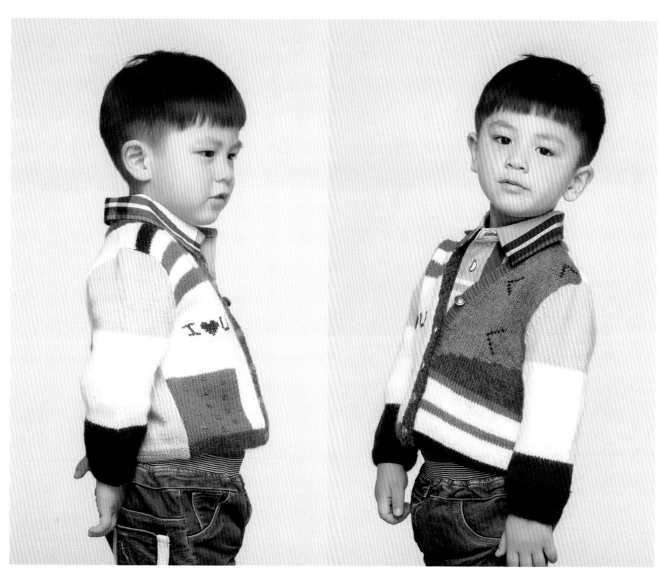

拼色小开衫

制作方法 ┈┈┈➤ P 147

39

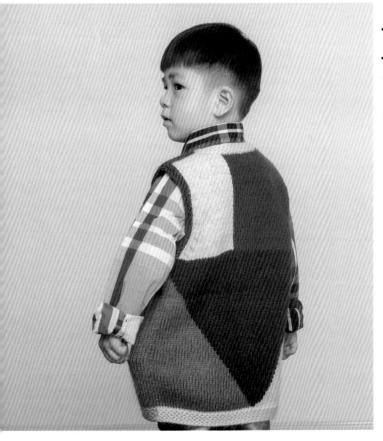

蓝灰拼接长背心

制作方法 ·········► P 149

灰色小球装饰套头衫

制作方法 ·········► P 150

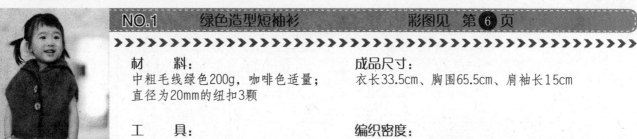

材　　料：
中粗毛线绿色200g，咖啡色适量；
直径为20mm的纽扣3颗

工　　具：
3.9mm、4.5mm棒针

成品尺寸：
衣长33.5cm、胸围65.5cm、肩袖长15cm

编织密度：
4.5mm棒针 花样编织A～D，下针编织，上下针编
织　　20针×27行/10cm
3.9mm棒针 双罗纹编织　20针×32行/10cm

结构图

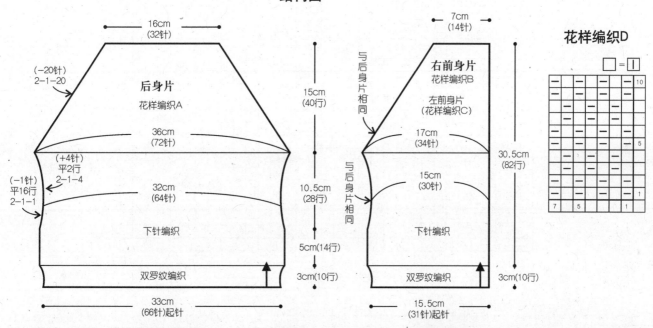

16cm
(32针)

(−20针)
2-1-20

后身片
花样编织A

36cm
(72针)

(+4针)
平2行
2-1-4

(−1针)
平16行
2-1-1

32cm
(64针)

下针编织

双罗纹编织

33cm
(66针)起针

15cm
(40行)

10.5cm
(28行)

5cm(14行)

3cm(10行)

7cm
(14针)

右前身片
花样编织B

左前身片
(花样编织C)

与后身片相同

17cm
(34针)

与后身片相同

15cm
(30针)

下针编织

双罗纹编织

30.5cm
(82行)

3cm(10行)

15.5cm
(31针)起针

花样编织D
□ = □

款式图

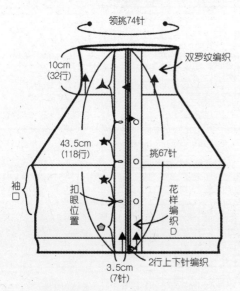

领挑74针

10cm
(32行)

双罗纹编织

43.5cm
(118行)

挑67针

袖口

扣眼位置

花样编织D

3.5cm
(7针)

2行上下针编织

★=8.5cm(23行)
▲=14cm(38行)
⬠=12.5cm(34行)

花样编织C
□ = □

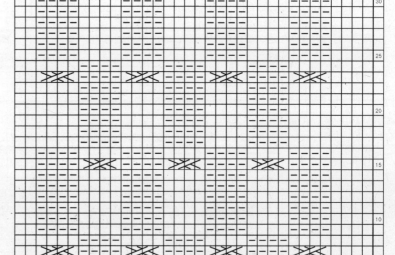

花样编织A

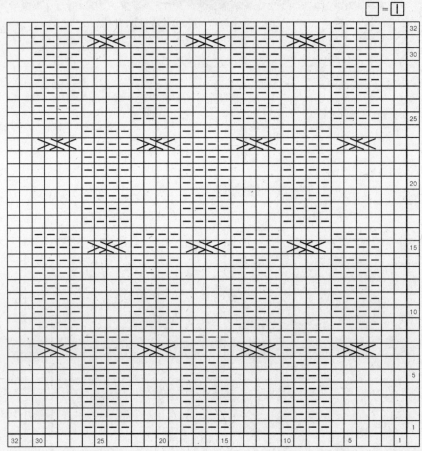

花样编织B

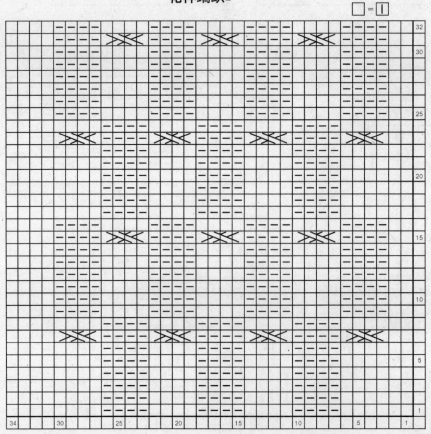

材　料：
中粗羊毛线粉红色200g，饰珠适量

成品尺寸：
衣长35cm、胸围62cm、背肩宽19cm 、袖长19cm

工　具：
3.6mm、4.2mm棒针，2/0号钩针

编织密度：
4.2mm棒针 花样编织B、上针编织　 25针×30行/10cm
3.6mm棒针 花样编织A、双罗纹编织
30针×36行/10cm

结构图

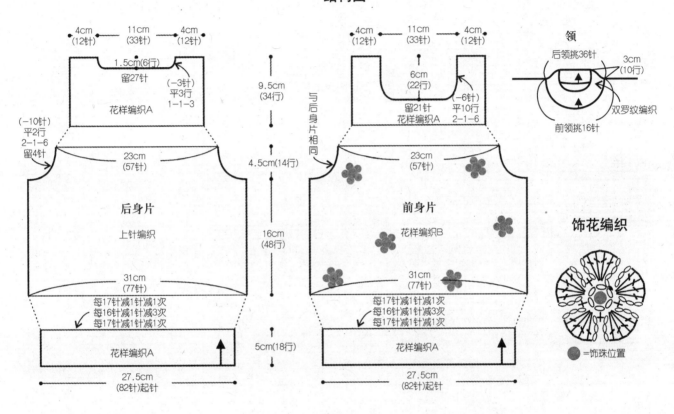

4cm（12针）　11cm（33针）　4cm（12针）

1.5cm(6行)
留27针
（−3针）平3行 1-1-3
花样编织A

（−10针）平2行 2-1-6 留4针

23cm（57针）

后身片
上针编织

31cm（77针）

每17针减1针减1次
每16针减1针减3次
每17针减1针减1次

花样编织A

27.5cm（82针）起针

9.5cm（34行）

4.5cm（14行）

16cm（48行）

5cm（18行）

与后身片相同

4cm（12针）　11cm（33针）　4cm（12针）

6cm（22行）
留21针
平10行 2-1-6
花样编织A

23cm（57针）

前身片
花样编织B

31cm（77针）

每17针减1针减1次
每16针减1针减3次
每17针减1针减1次

花样编织A

27.5cm（82针）起针

领
后领挑36针　3cm（10行）
双罗纹编织
前领挑16针

饰花编织

●=饰珠位置

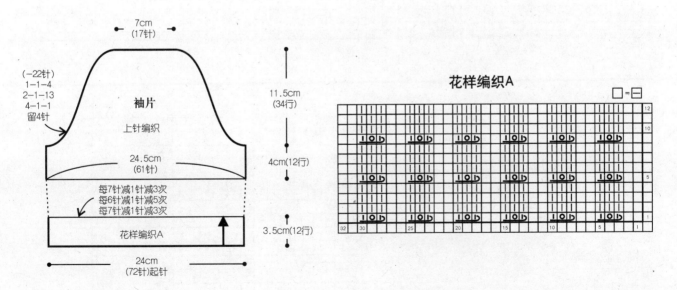

7cm（17针）

（−22针）
1-1-4
2-1-13
4-1-1
留4针

袖片
上针编织

24.5cm（61针）

每7针减1针减3次
每6针减1针减5次
每7针减1针减3次

花样编织A

24cm（72针）起针

11.5cm（34行）

4cm（12行）

3.5cm（12行）

花样编织A

□＝□

花样编织B

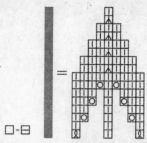

□ = 日

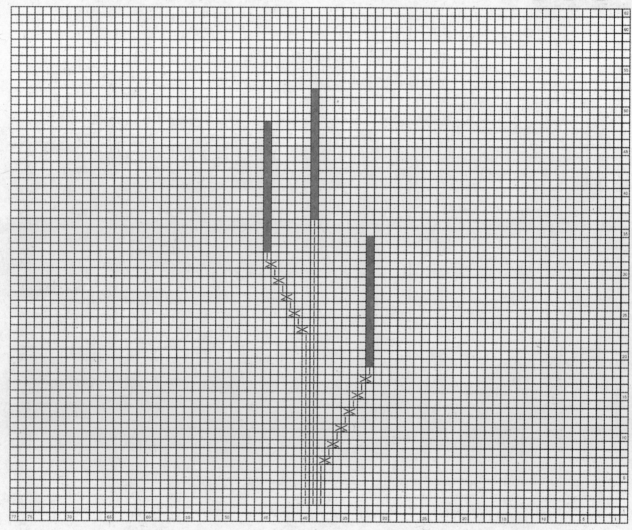

- -

（上接第86页）

花样编织C

□ = 〡

领

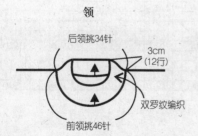

后领挑34针

3cm
（12行）

双罗纹编织

前领挑46针

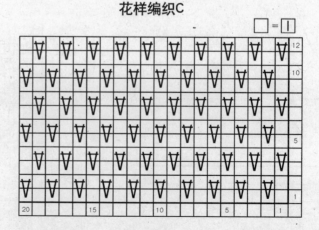

84

材　料：
中粗羊毛线肉粉色200g，绿色、
蓝色、粉色、橘色、黄色、黑色
各适量
工　具：
3.0mm、3.6mm棒针

成品尺寸：
衣长31.5cm、胸围53m、背肩宽18cm、袖长26cm

编织密度：
3.6mm棒针 花样编织B、下针编织　28针×36行/10cm
3.0mm棒针 花样编织C　30针×60行/10cm
花样编织A、双罗纹编织　30针×40行/10cm

结构图

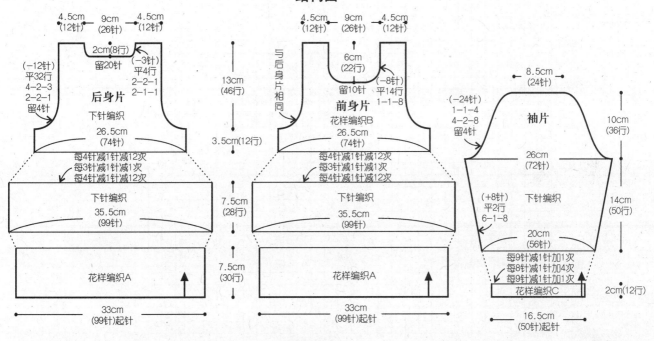

花样编织A

□＝□

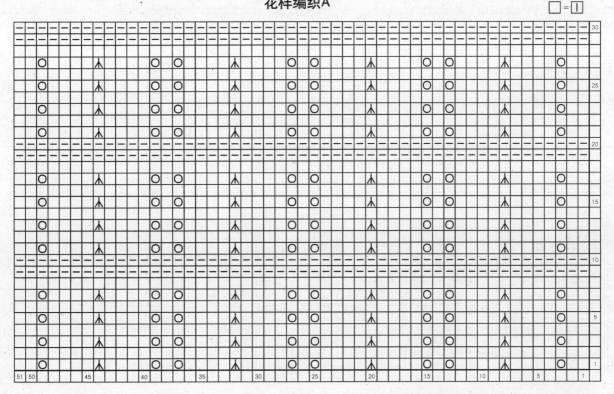

花样编织B

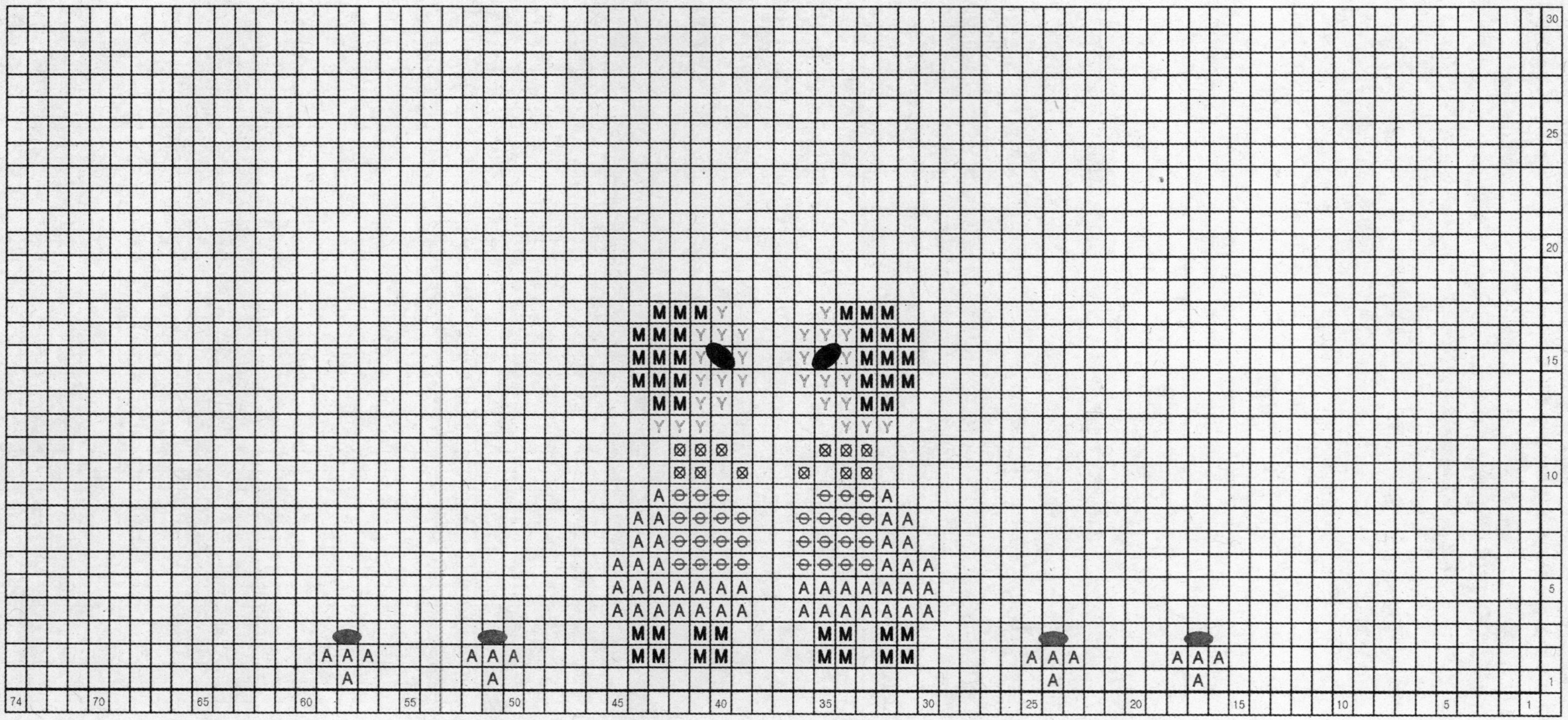

□ =肉粉色下针编织

Ⓧ =黄色十字绣

Ⓐ =绿色十字绣

⊠ =蓝色十字绣

Φ =粉色十字绣

M =黑色十字绣

=黑色刺绣

=橘色刺绣

（下转第84页）

材　料：
中粗棉线红色150g

工　具：
3.2mm、2.6mm棒针，2/0号钩针

成品尺寸：
衣长29cm、胸围48cm、背肩宽24cm

编织密度：
3.2mm棒针 花样编织A、B，下针编织
31针×40行/10cm
2.6mm棒针 单罗纹编织 45针×40行/10cm

结构图

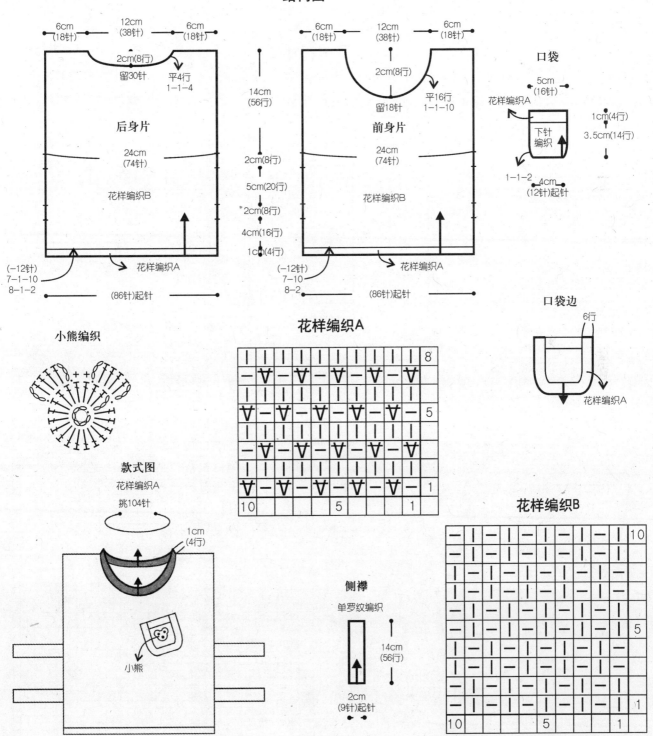

后身片

6cm（18针）　12cm（38针）　6cm（18针）
2cm(8行)
留30针　平4行 1-1-4
14cm（56行）
24cm（74针）
花样编织B
2cm(8行)
5cm(20行)
2cm(8行)
4cm(16行)
1cm(4行)
（-12针）7-1-10 8-1-2
花样编织A
（86针）起针

前身片

6cm（18针）　12cm（38针）　6cm（18针）
2cm(8行)
留18针　平16行 1-1-10
24cm（74针）
花样编织B
花样编织A
（-12针）7-10 8-2
（86针）起针

口袋
5cm（16针）
花样编织A
下针编织
1cm(4行)
3.5cm(14行)
1-1-2　4cm（12针）起针

口袋边
6行
花样编织A

小熊编织

款式图
花样编织A
挑104针
1cm（4行）
小熊

侧襟
单罗纹编织
14cm（56行）
2cm（9针）起针

花样编织A

花样编织B

87

材　料：
中粗羊毛线黄色200g，直径为15mm的纽扣5颗

工　具：
2.7mm、3.3mm棒针

成品尺寸：
衣长30.5cm、胸围54.5cm、背肩宽20.5cm、袖长28.5cm

编织密度：
3.3mm棒针 花样编织A、C，下针编织 32针×40行/10cm
花样编织B 32针×60行/10cm
2.7mm棒针 上下针编织 32针×53行/10cm

结构图

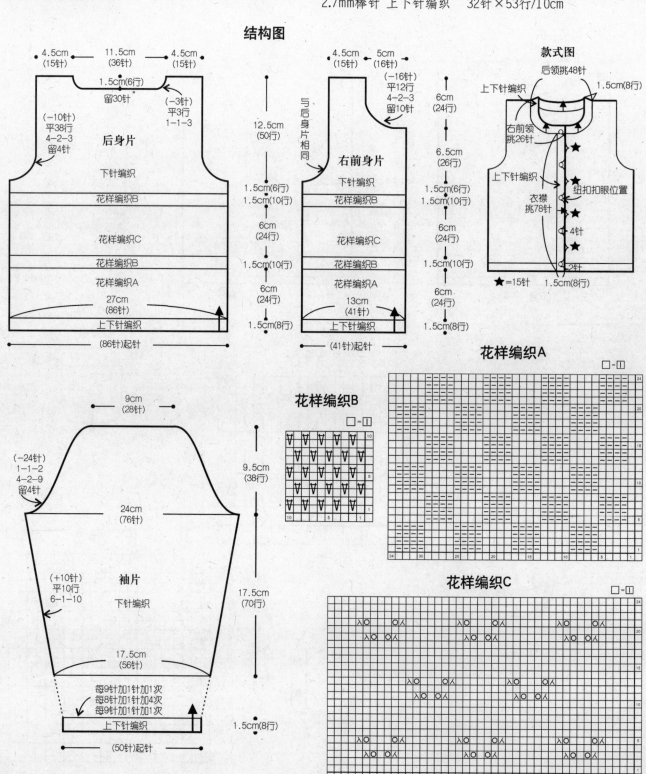

后身片

4.5cm（15针）　11.5cm（36针）　4.5cm（15针）
1.5cm（6行）
留30针
（−3针）平3行 1−1−3
（−10针）平38行 4−2−3 留4针
下针编织
花样编织B
花样编织C
花样编织B
花样编织A
27cm（86针）
上下针编织
（86针）起针

12.5cm（50行）
1.5cm（6行）
1.5cm（10行）
6cm（24行）
1.5cm（10行）
6cm（24行）
1.5cm（8行）

右前身片

4.5cm（15针）　5cm（16针）
（−16针）平12行 4−2−3 留10针
与后身片相同
下针编织
花样编织B
花样编织C
花样编织B
花样编织A
13cm（41针）
上下针编织
（41针）起针

6cm（24行）
6.5cm（26行）
1.5cm（6行）
1.5cm（10行）
6cm（24行）
1.5cm（10行）
6cm（24行）
1.5cm（8行）

款式图

后领挑48针
上下针编织
1.5cm（8行）
右前领挑26针
上下针编织
纽扣扣眼位置
衣襟挑78针
4针
2针
★=15针
1.5cm（8行）

袖片

9cm（28针）
（−24针）1−1−2 4−2−9 留4针
24cm（76针）
下针编织
（+10针）平10行 6−1−10
17.5cm（56针）
每9针加1针加1次
每8针加1针加4次
每9针加1针加1次
上下针编织
（50针）起针

9.5cm（38行）
17.5cm（70行）
1.5cm（8行）

花样编织B
□=□

花样编织A
□-□

花样编织C
□-□

材　料：
中粗羊毛线粉橘色160g，灰色适量，直径为15mm的纽扣4颗

工　具：
2.4mm、3.0mm棒针，2/0号钩针

成品尺寸：
衣长30cm、胸围56cm、背肩宽22cm、袖长25.5cm

编织密度：
3.0mm棒针 花样编织A～D　33针×44行/10cm
2.4mm棒针 上下针编织　35针×54行/10cm

结构图

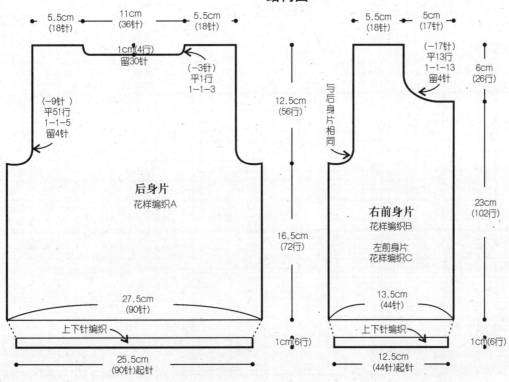

5.5cm (18针)　11cm (36针)　5.5cm (18针)

1cm(4行) 留30针

(−3针) 平1行 1−1−3

(−9针) 平51行 1−1−5 留4针

12.5cm (56行)

后身片
花样编织A

16.5cm (72行)

27.5cm (90针)

上下针编织

1cm(6行)

25.5cm (90针)起针

5.5cm (18针)　5cm (17针)

(−17针) 平13行 1−1−13 留4针

6cm (26行)

与后身片相同

右前身片
花样编织B

左前身片
花样编织C

23cm (102行)

13.5cm (44针)

上下针编织

1cm(6行)

12.5cm (44针)起针

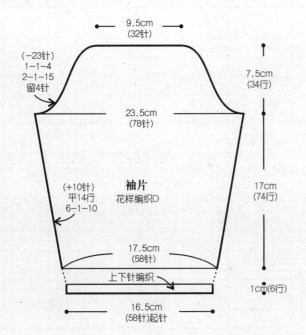

9.5cm (32针)

(−23针) 1−1−4 2−1−15 留4针

7.5cm (34行)

23.5cm (78针)

袖片
花样编织D

17cm (74行)

(+10针) 平14行 6−1−10

17.5cm (58针)

上下针编织

1cm(6行)

16.5cm (58针)起针

款式图

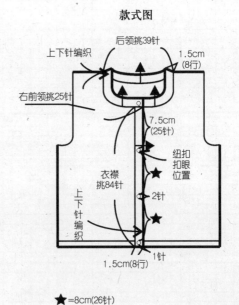

后领挑39针

上下针编织

1.5cm (8行)

右前领挑25针

7.5cm (25针)

纽扣 扣眼 位置

衣襟 挑84针

2针

上下针编织

1.5cm(8行)

1针

★=8cm(26针)

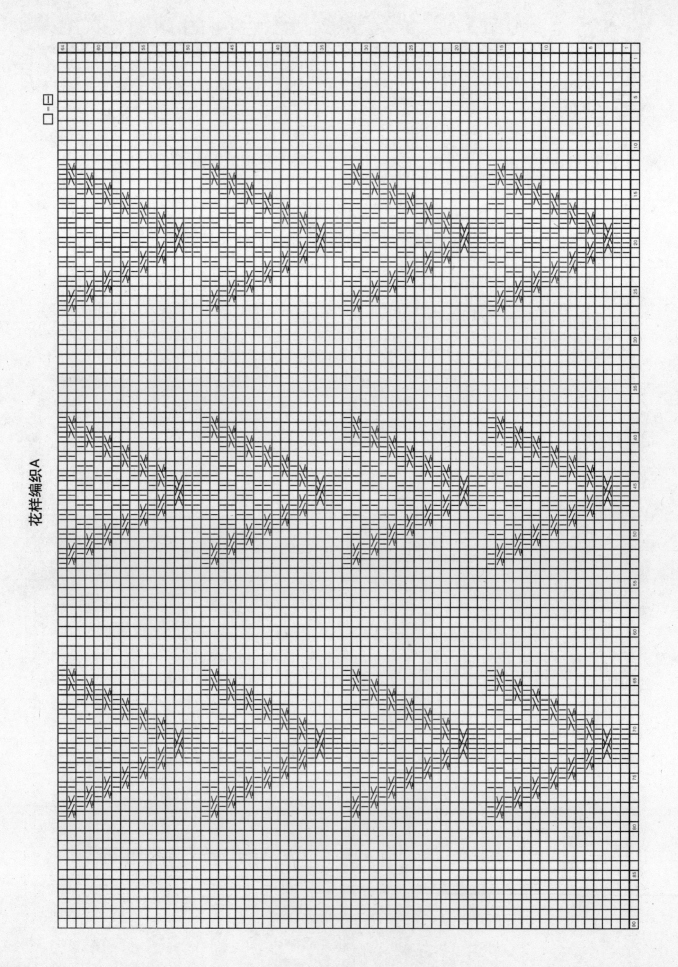

花样编织A

花样编织B

花样编织C

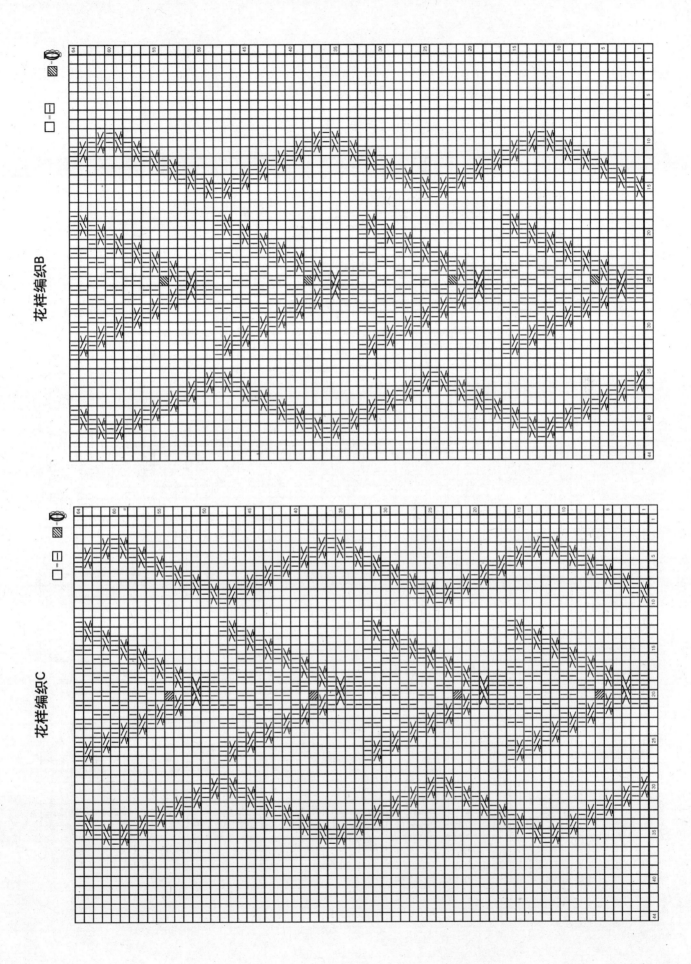

花样编织D

□=⊟

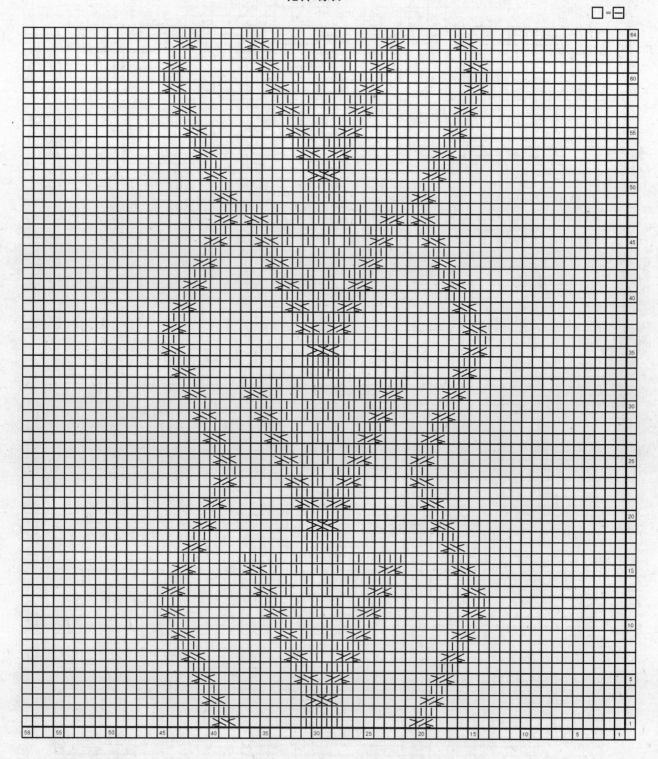

材　　料：
中粗羊毛线玫红色200g、
白色50g

工　　具：
2.4mm、3.0mm棒针

成品尺寸：
衣长34cm、胸围54cm、背肩宽27cm 、袖长16.5cm

编织密度：
2.4mm棒针 花样编织A　31针×70行/10cm
　　　　　　单罗纹编织　40针×44行/10cm
3.0mm棒针 花样编织B、下针编织、上下针编织
31针×38行/10cm

结构图

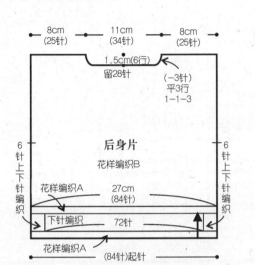

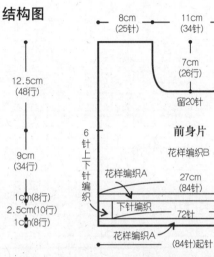

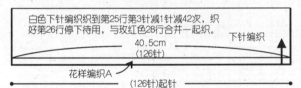

白色下针编织织到第25行第3行减1针减42次，织
好第26行停下待用，与玫红色28行合并一起织。

40.5cm
(126针)

下针编织

花样编织A
(126针)起针

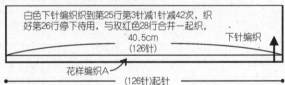

白色下针编织织到第25行第3行减1针减42次，织
好第26行停下待用，与玫红色28行合并一起织。

40.5cm
(126针)

下针编织

花样编织A
(126针)起针

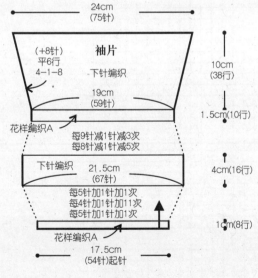

款式图

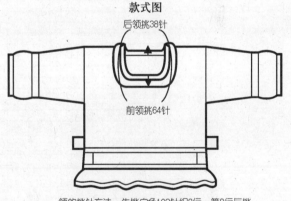

后领挑38针

前领挑64针

领的挑针方法：先挑白色102针织8行，第8行与挑
针行合并，在挑针处再挑102针红色织8行。

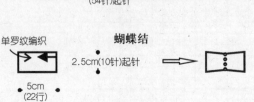

单罗纹编织

蝴蝶结
2.5cm(10针)起针

花样编织A

□=□

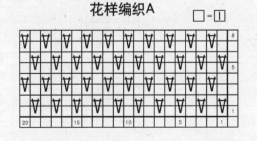

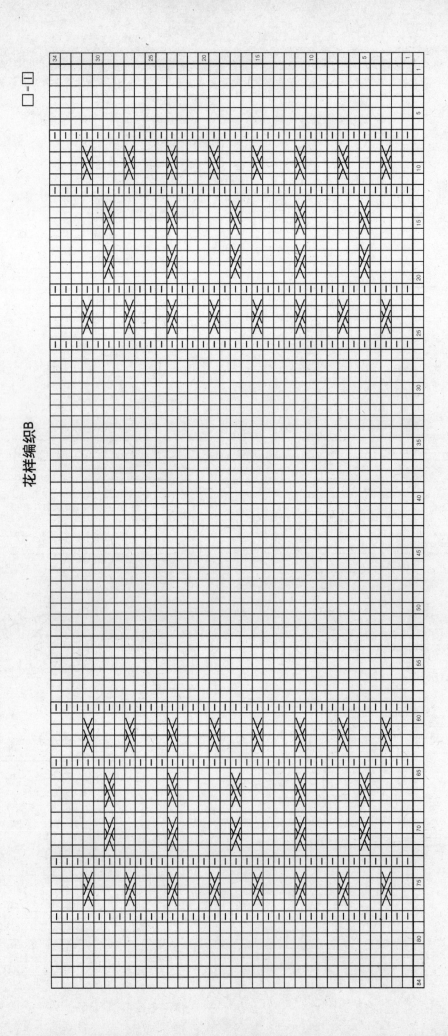

花样编织B

□ = □

材　料：
中粗羊毛线宝石蓝色100g，
纽扣6颗

工　具：
3.6mm、4.2mm棒针

成品尺寸：
裙长22cm、腰围61cm

编织密度：
3.6mm棒针 花样编织A　23针×50行/10cm
4.2mm棒针 花样编织B、下针编织、双罗纹编织
23针×30行/10cm

结构图

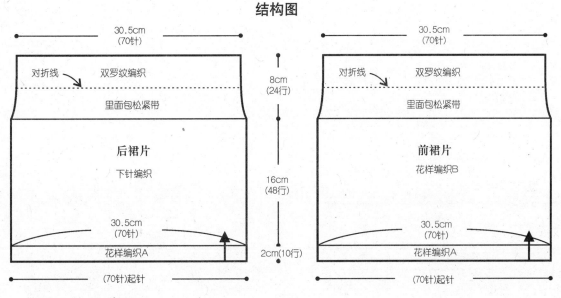

后裙片
下针编织

前裙片
花样编织B

30.5cm
(70针)

30.5cm
(70针)

8cm
(24行)

16cm
(48行)

2cm(10行)

30.5cm
(70针)

30.5cm
(70针)

对折线　双罗纹编织

里面包松紧带

花样编织A

(70针)起针

花样编织A

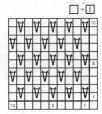

款式图

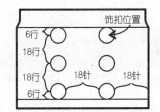

花样编织B

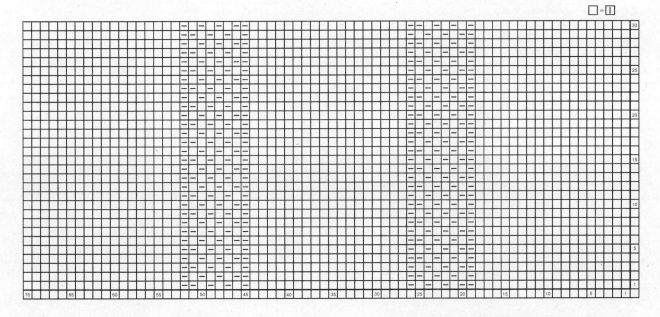

材　　料：
圈圈呢灰色线100g、
藏蓝色细线适量

工　　具：
4.5mm、6.0mm棒针

成品尺寸：
裙长22cm、腰围44.5cm

编织密度：
圈圈呢　下针编织　　18针×22行/10cm
藏蓝色下针编织　　9针×12行/10cm

结构图

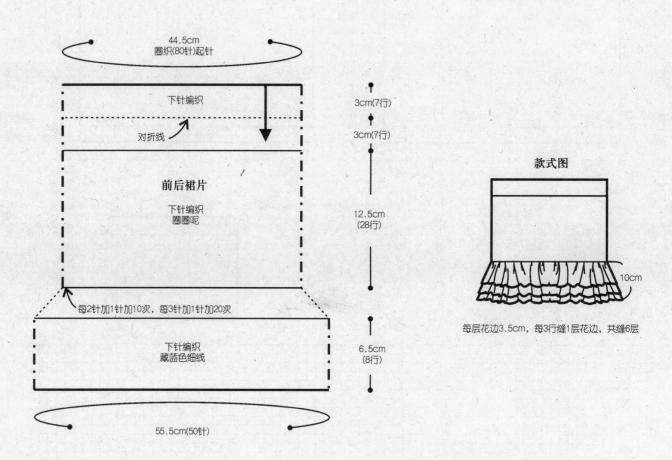

44.5cm
圈织(80针)起针

下针编织

对折线

前后裙片

下针编织
圈圈呢

每2针加1针加10次，每3针加1针加20次

下针编织
藏蓝色细线

55.5cm(50针)

3cm(7行)

3cm(7行)

12.5cm
(28行)

6.5cm
(8行)

款式图

10cm

每层花边3.5cm，每3行缝1层花边，共缝6层

96

材　料：
中粗羊毛线灰黑色200g、
浅灰色100g

工　具：
3.6mm棒针

成品尺寸：
衣长32.5cm、胸围65cm、背肩宽26cm、袖长15cm

编织密度：
花样编织A~F，下针编织　26针×36行/10cm

结构图

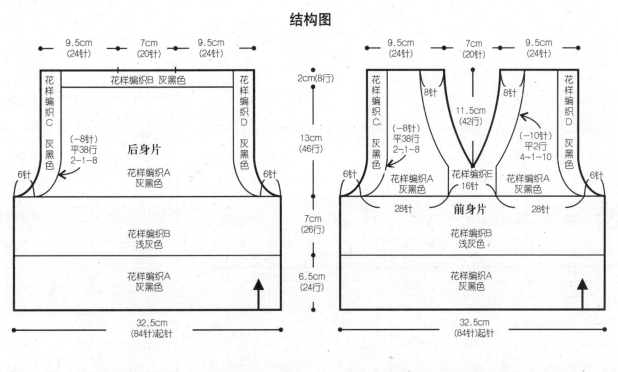

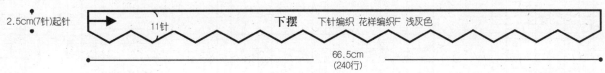

花样编织A

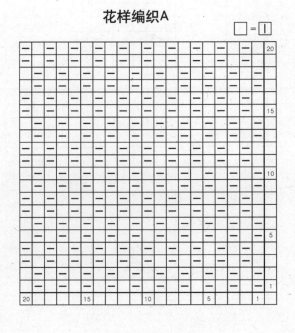

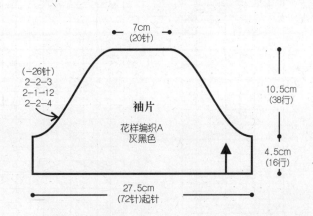

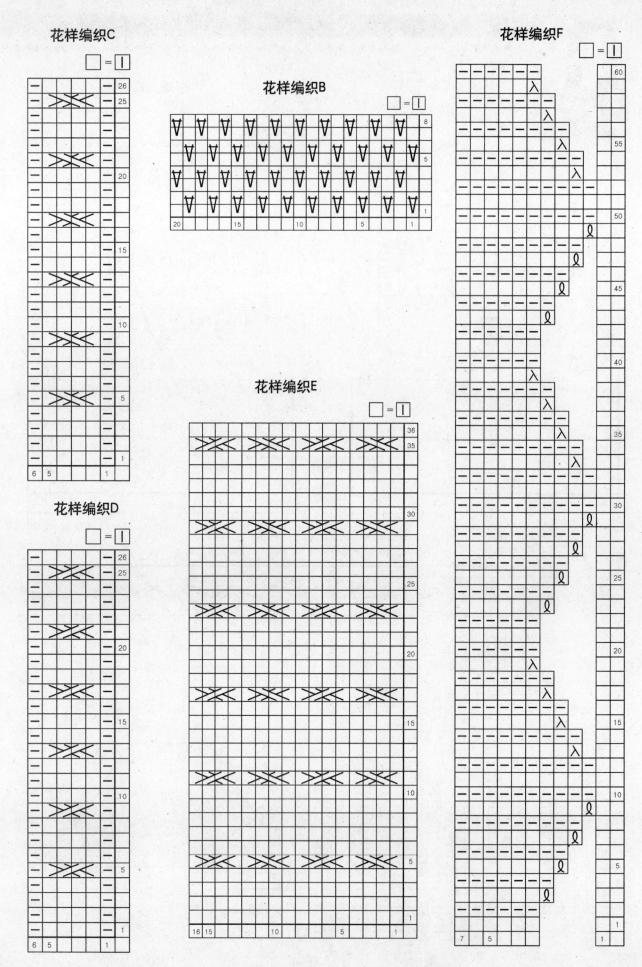

花样编织C

花样编织B

花样编织E

花样编织D

花样编织F

98

材　料:
中粗羊毛线墨绿色100g，藏蓝色、黑色、浅蓝色线适量，直径为15mm的纽扣6颗

工　具:
3.9mm、4.5mm棒针

成品尺寸:
衣长27.5cm、胸围61cm、背肩宽30.5cm

编织密度:
4.5mm棒针 下针编织　19针×27行/10cm
3.9mm棒针 双罗纹编织　22针×27行/10cm

结构图

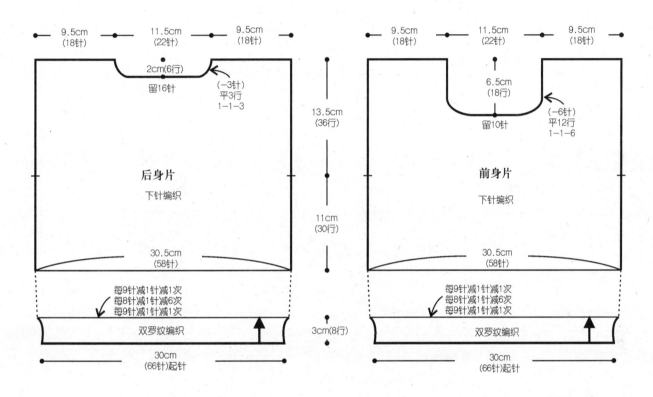

后身片
下针编织

9.5cm（18针）　11.5cm（22针）　9.5cm（18针）
2cm(6行)
留16针
（-3针）
平3行
1-1-3
13.5cm（36行）
11cm（30行）
30.5cm（58针）
每9针减1针减1次
每8针减1针减6次
每9针减1针减1次
双罗纹编织
3cm(8行)
30cm（66针）起针

前身片
下针编织

9.5cm（18针）　11.5cm（22针）　9.5cm（18针）
6.5cm（18行）
留10针
（-6针）
平12行
1-1-6
30.5cm（58针）
每9针减1针减1次
每8针减1针减6次
每9针减1针减1次
双罗纹编织
30cm（66针）起针

款式图

浅蓝色
30针
扣眼位置
3针
2针
★=4.5cm(10针)

饰花编织

双罗纹编织
后领挑34针
3cm(8行)
3cm(8行)
前领挑54针
纽扣位置
浅蓝色
3针
2针
55cm
挑(122针)

● = ＋

● = 饰扣

99

材　料：
中粗羊毛线紫色120g

工　具：
2.7mm、3.3mm棒针

成品尺寸：
衣长27.5cm、胸围48cm、背肩宽26.5cm

编织密度：
3.3mm棒针 花样编织、下针编织
34针×40行/10cm
2.7mm棒针 双罗纹编织　34针×40行/10cm

结构图

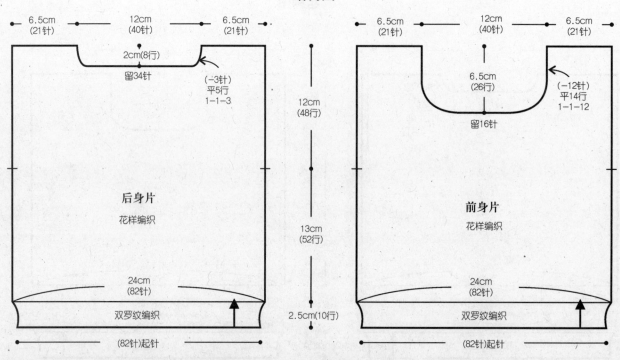

后身片
花样编织

前身片
花样编织

6.5cm（21针）　12cm（40针）　6.5cm（21针）

2cm(8行)
留34针
（-3针）
平5行
1-1-3

6.5cm（26行）
留16针
（-12针）
平14行
1-1-12

12cm（48行）
13cm（52行）
2.5cm(10行)

24cm（82针）
双罗纹编织
(82针)起针

花样编织

□=□

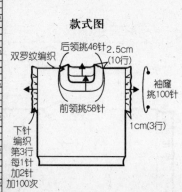

款式图

后领挑46针　2.5cm（10行）
双罗纹编织
前领挑58针
袖窿挑100针
1cm（3行）
下针编织
第3行
每1针
加2针
加100次

材　料：
中粗羊毛线蓝色200g，灰色、白色、粉色各适量

工　具：
3.3mm、3.9mm棒针

成品尺寸：
衣长32.5cm、胸围61cm、背肩宽30cm、袖长23cm

编织密度：
3.3mm棒针 花样编织B　22针×52行/10cm
上针编织、上下针编织、双罗纹编织　28针×40行/10cm
3.9mm棒针 花样编织A、下针编织、上针编织
24针×31行/10cm

结构图

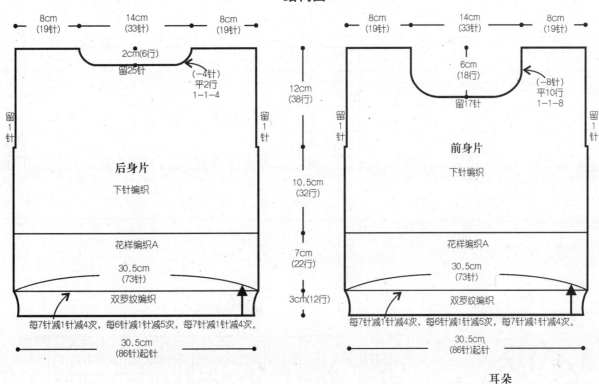

后身片
下针编织

8cm（19针）　14cm（33针）　8cm（19针）

2cm（6行）　留25针
（−4针）平2行 1−1−4

留1针

花样编织A

30.5cm（73针）

双罗纹编织

每7针减1针减4次，每6针减1针减5次，每7针减1针减4次。

30.5cm（86针）起针

12cm（38行）
10.5cm（32行）
7cm（22行）
3cm（12行）

前身片
下针编织

8cm（19针）　14cm（33针）　8cm（19针）

6cm（18行）　留17针
（−8针）平10行 1−1−8

留1针

花样编织A

30.5cm（73针）

双罗纹编织

每7针减1针减4次，每6针减1针减5次，每7针减1针减4次。

30.5cm（86针）起针

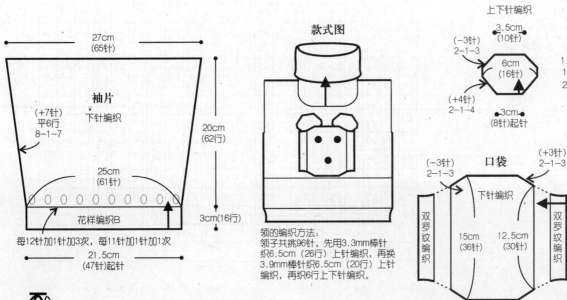

袖片
下针编织

27cm（65针）

（+7针）平6行 8−1−7

花样编织B

25cm（61针）

20cm（62行）
3cm（16行）

每12针加1针加3次，每11针加1针加1次。

21.5cm（47针）起针

○=
小白球钩在下针编织上，每5针钩1个

款式图

领的编织方法：
领子共挑96针，先用3.3mm棒针织6.5cm（26行）上针编织，再换3.9mm棒针织6.5cm（20行）上针编织，再织6行上下针编织。

耳朵
上下针编织

3.5cm（10针）
（−3针）2−1−3
6cm（16针）
（+4针）2−1−4
3cm（8针）起针

1.5cm（6行）
1cm（4行）
2cm（8行）

口袋
（−3针）2−1−3　　（+3针）2−1−3

下针编织

双罗纹编织　　双罗纹编织

15cm（36行）　12.5cm（30针）

10.5cm（30针）起针

2cm（8行）　2cm（6行）　6.5cm（20行）　2cm（6行）　2cm（8行）

花样编织A

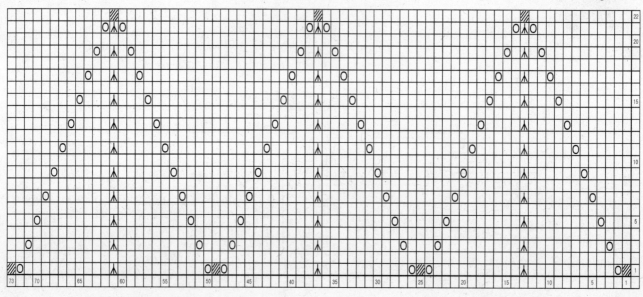

眼睛、嘴巴编织

2个灰色眼睛
1个粉色嘴巴

花样编织B

□ = □

材　料：
中粗羊毛线浅蓝色200g、灰色20g、黑色适量，直径为15mm的纽扣3颗

工　具：
3.9mm棒针

成品尺寸：
衣长43cm、胸围65.5cm、背肩宽21.5cm、袖长36.5cm

编织密度：
花样编织A、B，下针编织，上下针编织，单罗纹编织
27针×32行/10cm

结构图

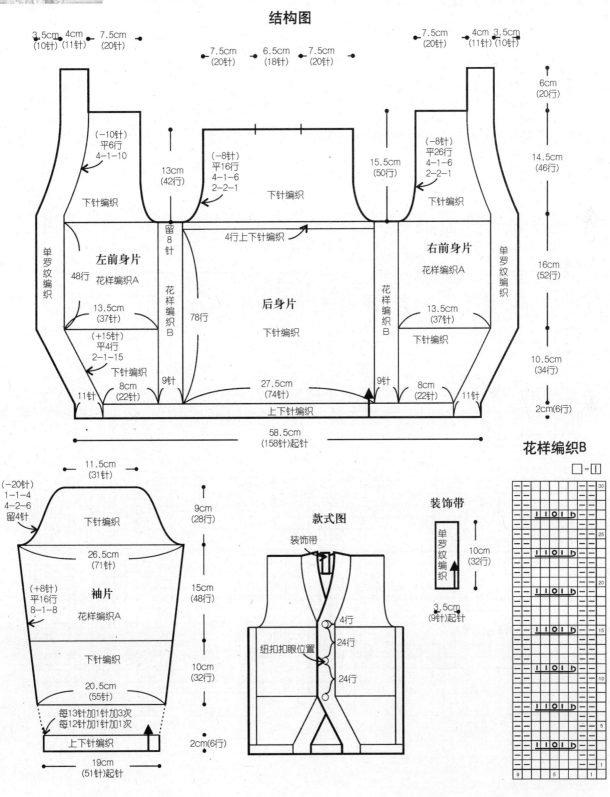

3.5cm（10针）　4cm（11针）　7.5cm（20针）

7.5cm（20针）　6.5cm（18针）　7.5cm（20针）

7.5cm（20针）　4cm（11针）　3.5cm（10针）

6cm（20行）

（−10针）平6行4-1-10

13cm（42行）

（−8针）平16行4-1-6　2-2-1

下针编织

15.5cm（50行）

（−8针）平26行4-1-6　2-2-1

14.5cm（46行）

下针编织

4行上下针编织

下针编织

单罗纹编织

左前身片
花样编织A

留8针

花样编织B

后身片
下针编织

花样编织B

右前身片
花样编织A

单罗纹编织

16cm（52行）

48行

13.5cm（37针）

（+15针）平4行2-1-15

下针编织

78行

78行

13.5cm（37针）

下针编织

9针

11针　8cm（22针）　9针

27.5cm（74针）

9针　8cm（22针）　11针

10.5cm（34行）

上下针编织

2cm（6行）

58.5cm（158针）起针

袖片

11.5cm（31针）

（−20针）1-1-4　4-2-6　留4针

下针编织

26.5cm（71针）

9cm（28行）

袖片
花样编织A

（+8针）平16行8-1-8

下针编织

20.5cm（55针）

15cm（48行）

10cm（32行）

每13针加1针加3次
每12针加1针加1次

上下针编织

19cm（51针）起针

2cm（6行）

款式图

装饰带

纽扣扣眼位置

4行

24行

24行

装饰带

单罗纹编织

3.5cm（9针）起针

10cm（32行）

花样编织B

□=□

30

25

20

15

10

5

9　5　1

103

花样编织 A

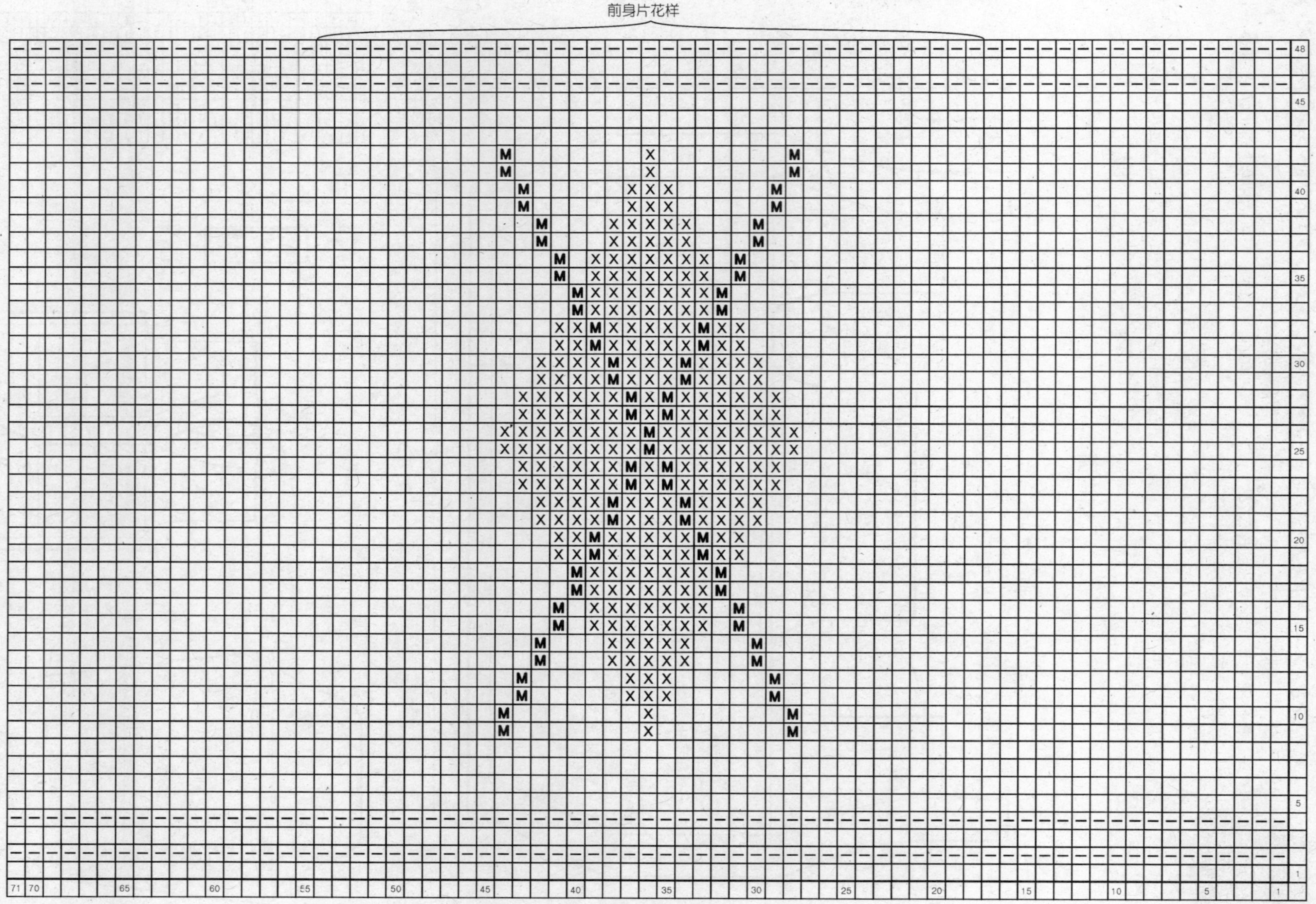

前身片花样

□ =浅蓝色下针编织

☒ =灰色下针编织

M =黑色十字绣

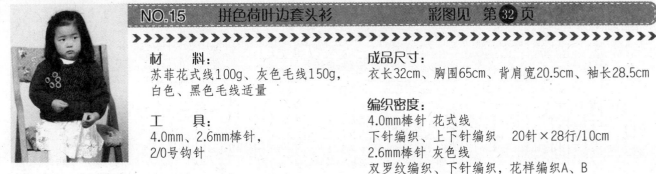

材　料：
苏菲花式线100g、灰色毛线150g，
白色、黑色毛线适量

工　具：
4.0mm、2.6mm棒针，
2/0号钩针

成品尺寸：
衣长32cm、胸围65cm、背肩宽20.5cm、袖长28.5cm

编织密度：
4.0mm棒针 花式线
下针编织、上下针编织　　20针×28行/10cm
2.6mm棒针 灰色线
双罗纹编织、下针编织，花样编织A、B
27针×36行/10cm

结构图

饰花编织

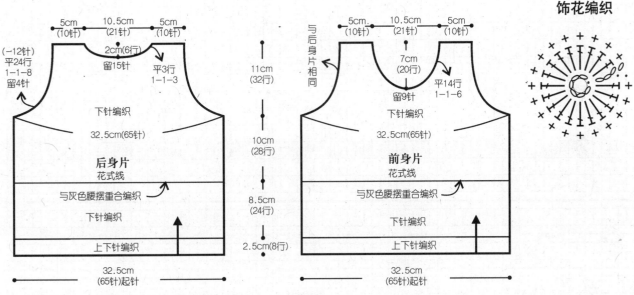

款式图

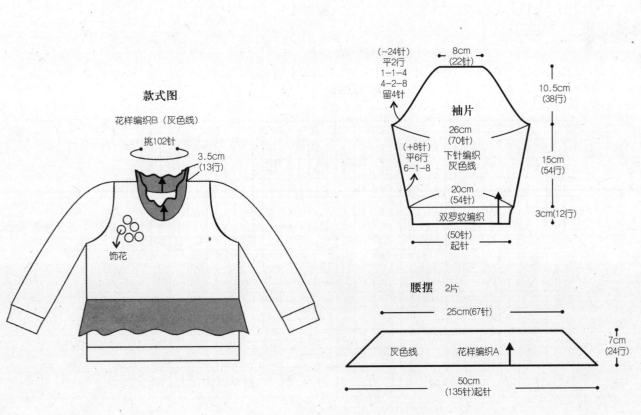

花样编织A

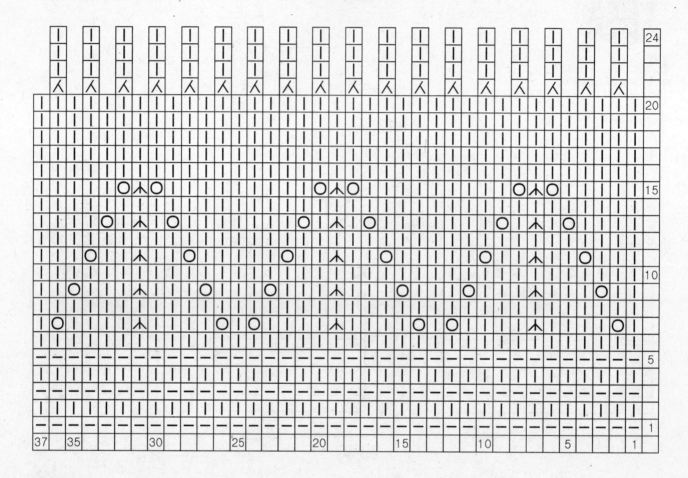

花样编织B

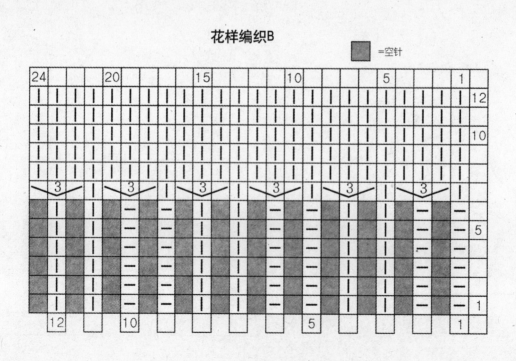

■ =空针

材　料：
中粗羊毛线红色200g、灰色20g，
直径为20mm的纽扣3颗

工　具：
3.3mm、3.9mm棒针，2/0号钩针

成品尺寸：
衣长34.5cm、胸围69cm、背肩宽28.5cm、袖长29.5cm

编织密度：
3.3mm棒针 上下针编织　30针×30行/10cm
下针编织、双罗纹编织　30针×34行/10cm
3.9mm棒针 花样编织、下针编织　25针×31行/10cm
上下针编织　25针×42行/10cm

结构图

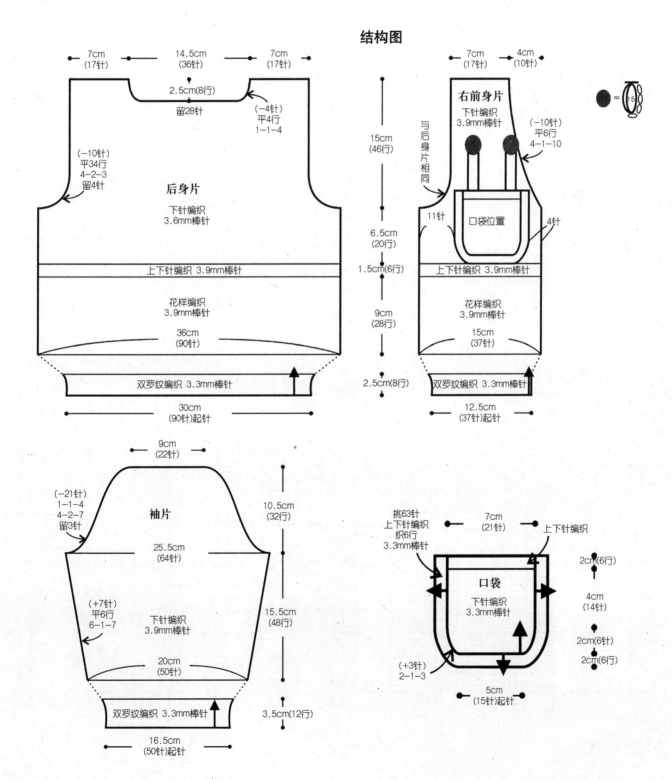

款式图

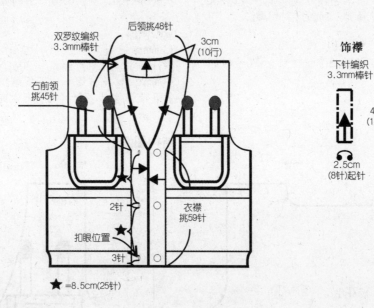

双罗纹编织
3.3mm棒针

后领挑48针

3cm
(10行)

右前领
挑45针

2针

扣眼位置

3针

衣襟
挑59针

★ =8.5cm(25针)

饰襻

下针编织
3.3mm棒针

4cm
(14行)

2.5cm
(8针)起针

花样编织

□ = □

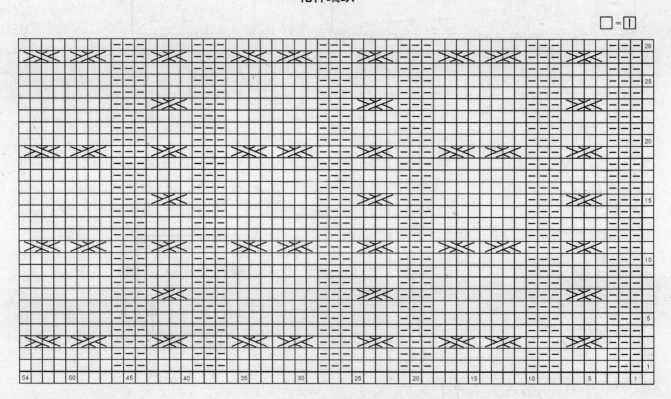

材　料：
中粗羊毛线玫红色350g，浅蓝色、藏蓝色、灰色毛线适量

工　具：
4.2mm棒针、2/0号钩针

成品尺寸：
衣长44.5cm、胸围59cm、背肩宽28.5cm、袖长12cm

编织密度：
下针编织　　19针×30行/10cm
花样编织A　19针×40行/10cm
花样编织B　17针×40行/10cm
双罗纹编织　24针×30行/10cm

结构图

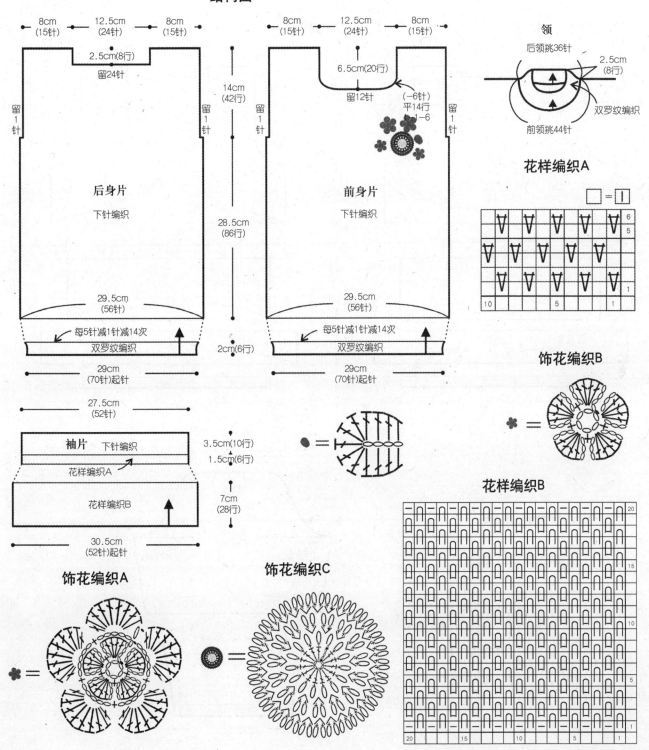

领
后领挑36针
2.5cm（8行）
双罗纹编织
前领挑44针

花样编织A
□=|

饰花编织B
❋=

花样编织B

8cm（15针）　12.5cm（24针）　8cm（15针）
2.5cm(8行)
留24针
留1针
14cm（42行）
后身片
下针编织
28.5cm（86行）
29.5cm（56针）
每5针减1针减14次
双罗纹编织
29cm（70针）起针
留1针

8cm（15针）　12.5cm（24针）　8cm（15针）
6.5cm（20行）
留12针
（−6针）
平14行
−6
前身片
下针编织
29.5cm（56针）
每5针减1针减14次
双罗纹编织
29cm（70针）起针
留1针
2cm（6行）

27.5cm（52针）
袖片　下针编织
花样编织A
花样编织B
3.5cm(10行)
1.5cm(6行)
7cm（28行）
30.5cm（52针）起针

●=

饰花编织A
❋=

饰花编织C
◉=

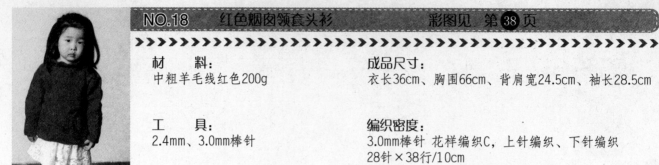

材 料：
中粗羊毛线红色200g

工 具：
2.4mm、3.0mm棒针

成品尺寸：
衣长36cm、胸围66cm、背肩宽24.5cm、袖长28.5cm

编织密度：
3.0mm棒针 花样编织C，上针编织、下针编织
28针×38行/10cm
花样编织B 35针×38行/10cm
2.4mm棒针 花样编织A 35针×66行/10cm

结构图

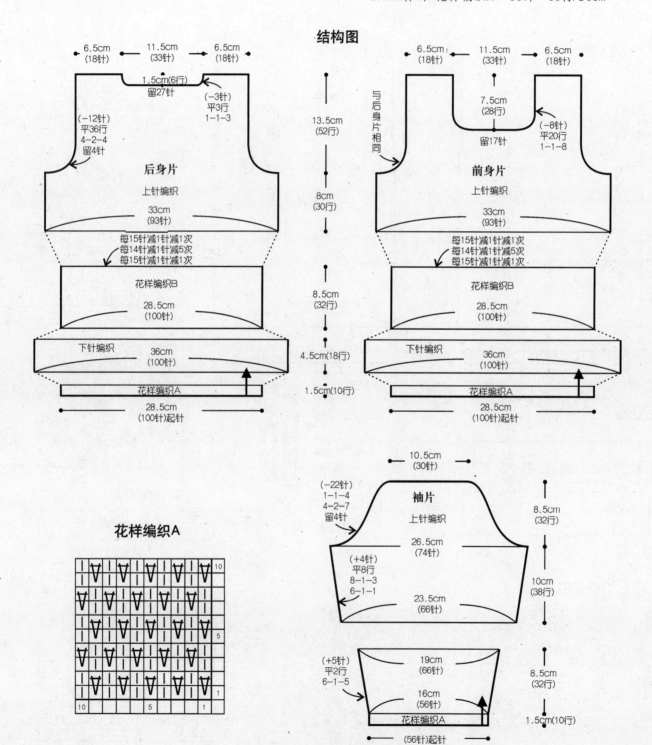

后身片
上针编织
33cm
（93针）

6.5cm（18针）　11.5cm（33针）　6.5cm（18针）

1.5cm(6行)
留27针

（-3针）
平3行
1-1-3

（-12针）
平36行
4-2-4
留4针

每15针1针减1次
每14针1针减5次
每15针1针减1次

花样编织B
28.5cm
（100针）

下针编织　36cm
（100针）

花样编织A

28.5cm
（100针）起针

13.5cm
（52行）

8cm
（30行）

8.5cm
（32行）

4.5cm(18行)

1.5cm(10行)

前身片
上针编织
33cm
（93针）

6.5cm（18针）　11.5cm（33针）　6.5cm（18针）

与后身片相同

7.5cm
（28行）

留17针

（-8针）
平20行
1-1-8

每15针1针减1次
每14针1针减5次
每15针1针减1次

花样编织B
28.5cm
（100针）

下针编织　36cm
（100针）

花样编织A

28.5cm
（100针）起针

花样编织A

袖片
上针编织
26.5cm
（74针）

10.5cm
（30针）

（-22针）
1-1-4
4-2-7
留4针

（+4针）
平8行
8-1-3
6-1-1

23.5cm
（66针）

8.5cm
（32行）

10cm
（38行）

（+5针）
平2行
6-1-5

19cm
（66针）

16cm
（56针）

花样编织A

（56针）起针

8.5cm
（32行）

1.5cm(10行)

花样编织B

□ = □

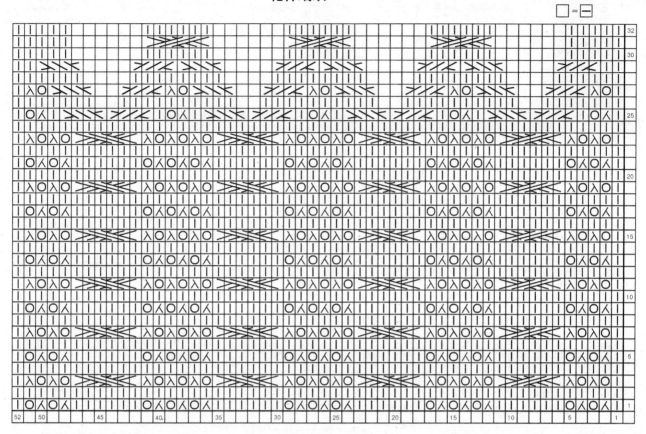

花样编织C

□ = □

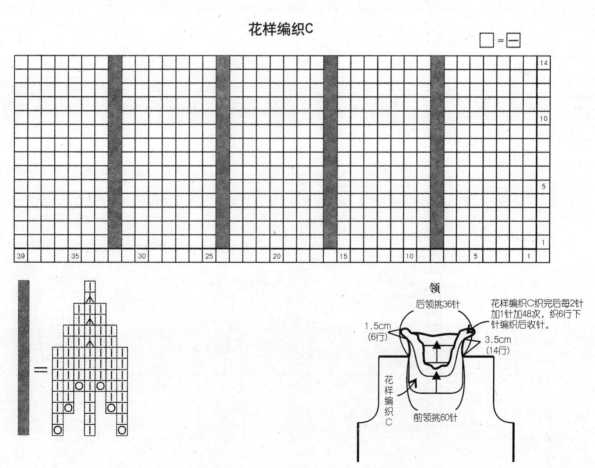

领

后领挑针36针

花样编织C织完后每2针加1针加48次，织6行下针编织后收针。

1.5cm (6行)

3.5cm (14行)

花样编织C

前领挑针60针

111

材　　料:
中粗羊毛线绿色200g、花灰圈圈呢40g，直径为20mm的纽扣4颗，饰珠2颗

工　　具:
3.9mm、4.2mm、4.5mm棒针

成品尺寸:
衣长39.5cm、胸围67cm、背肩宽23cm、袖长26.5cm

编织密度:
3.9mm棒针　花样编织　24针×36行/10cm
4.2mm棒针　下针编织　20针×29行/10cm
4.5mm棒针　上下针编织　16针×25行/10cm

结构图

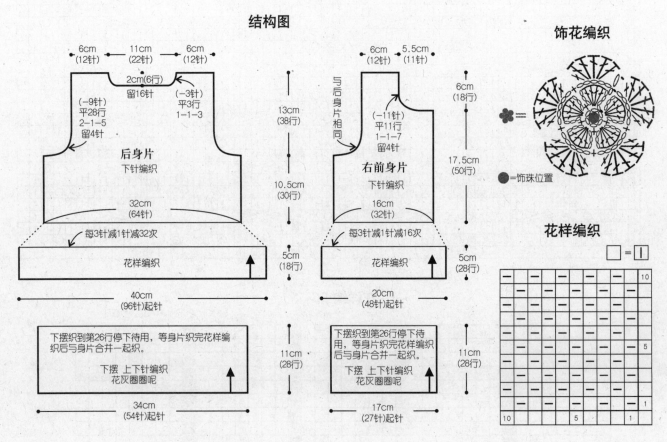

后身片

6cm（12针）　11cm（22针）　6cm（12针）
2cm（6行）
留16针
（−9针）平28行 2-1-5 留4针　（−3针）平3行 1-1-3
下针编织
13cm（38行）
10.5cm（30行）
32cm（64针）
每3针减1针减32次
花样编织
5cm（18行）
40cm（96针）起针

下摆织到第26行停下待用，等身片织完花样编织后与身片合并一起织。
下摆　上下针编织
花灰圈圈呢
11cm（28行）
34cm（54针）起针

右前身片

6cm（12针）　5.5cm（11针）
与后身片相同
6cm（18行）
（−11针）平11行 1-1-7 留4针
下针编织
17.5cm（50行）
16cm（32针）
每3针减1针减16次
花样编织
5cm（28行）
20cm（48针）起针

下摆织到第26行停下待用，等身片织完花样编织后与身片合并一起织。
下摆　上下针编织
花灰圈圈呢
11cm（28行）
17cm（27针）起针

饰花编织

●=饰珠位置

花样编织

□=Ⅰ

								10
								5
								1
10			5			1		

款式图

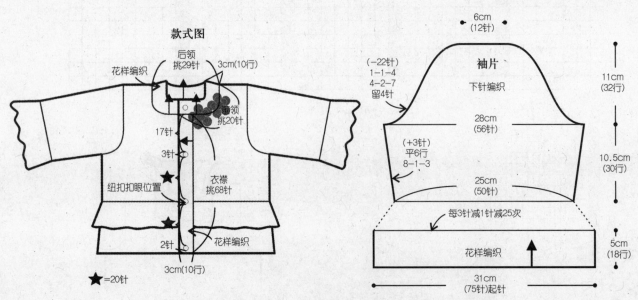

花样编织
后领 挑29针　3cm（10行）
圈领 挑20针
17针
3针
纽扣扣眼位置
衣襟 挑68针
2针
花样编织
3cm（10行）
★=20针

袖片

6cm（12针）
（−22针）1-1-4 4-2-7 留4针
下针编织
28cm（56针）
（+3针）平6行 8-1-3
25cm（50针）
每3针减1针减25次
花样编织
11cm（32行）
10.5cm（30行）
5cm（18行）
31cm（75针）起针

材　料：
中粗羊毛线黄色350g

成品尺寸：
衣长40cm、胸围56cm、背肩宽28cm 、袖长25cm

工　具：
3.0mm棒针

编织密度：
花样编织A、C、D，上下针编织　　30针×53行/10cm
花样编织B，下针编织，双罗纹编织　　30针×46行/10cm

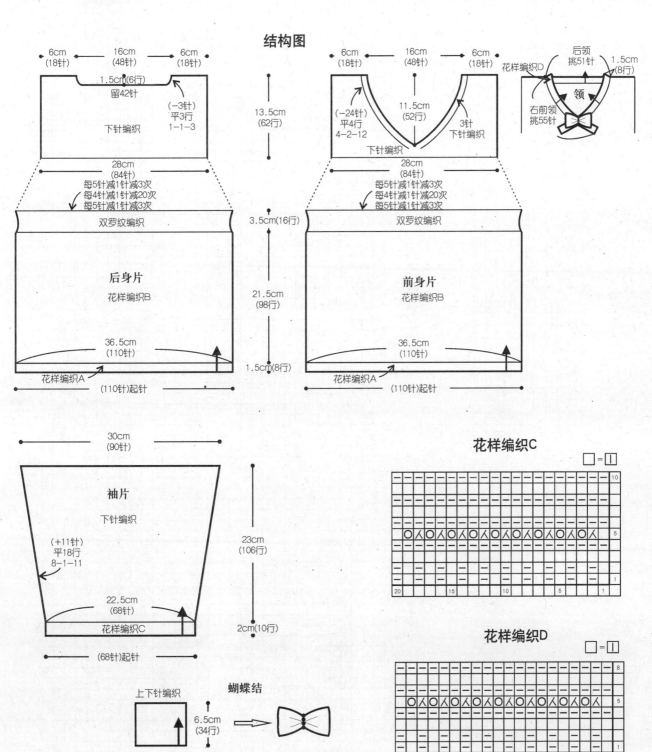

结构图

6cm (18针)　16cm (48针)　6cm (18针)

1.5cm(6行)
留42针

下针编织

(−3针)
平3行
1−1−3

13.5cm (62行)

28cm (84针)

每5针减1针减3次
每4针减1针减20次
每5针减1针减3次

双罗纹编织

3.5cm(16行)

后身片

花样编织B

21.5cm (98行)

36.5cm (110针)

花样编织A

(110针)起针

1.5cm(8行)

6cm (18针)　16cm (48针)　6cm (18针)

(−24针)
平4行
4−2−12

11.5cm (52行)

3针
下针编织

下针编织

花样编织D　　后领 挑51针　　1.5cm (8行)

领

右前领 挑55针

28cm (84针)

每5针减1针减3次
每4针减1针减20次
每5针减1针减3次

双罗纹编织

前身片

花样编织B

36.5cm (110针)

花样编织A

(110针)起针

30cm (90针)

袖片

下针编织

(+11针)
平18行
8−1−11

23cm (106行)

22.5cm (68针)

花样编织C

2cm(10行)

(68针)起针

花样编织C

□=□

花样编织D

□=□

上下针编织

6.5cm (34行)

蝴蝶结

8cm (24针)起针

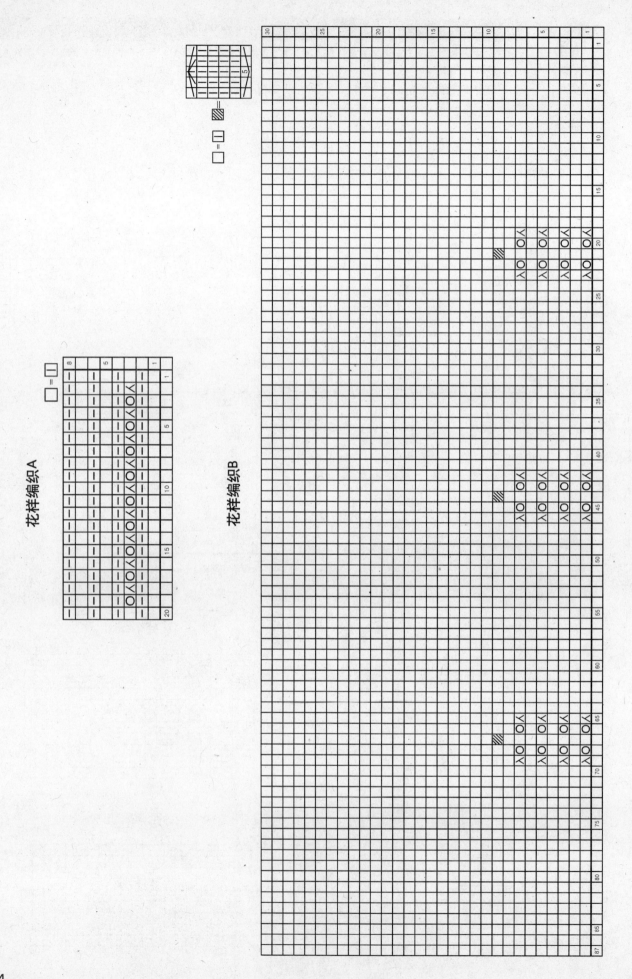

花样编织A

花样编织B

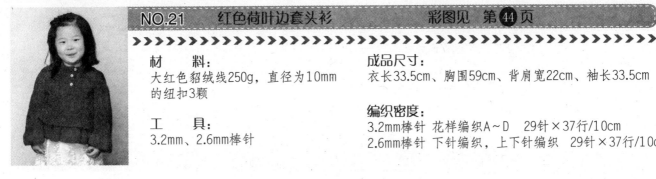

材料：
大红色貂绒线250g，直径为10mm
的纽扣3颗

工具：
3.2mm、2.6mm棒针

成品尺寸：
衣长33.5cm、胸围59cm、背肩宽22cm、袖长33.5cm

编织密度：
3.2mm棒针 花样编织A~D　29针×37行/10cm
2.6mm棒针 下针编织，上下针编织　29针×37行/10cm

结构图

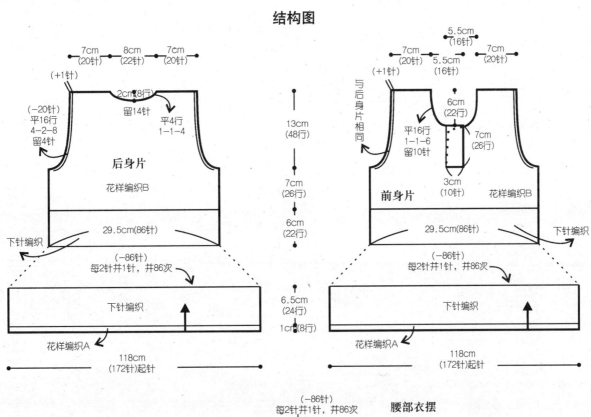

后身片
花样编织B

7cm（20针）　8cm（22针）　7cm（20针）
（+1针）
（−20针）平16行 4-2-8 留4针
2cm(8行) 留14针
平4行 1-1-4
29.5cm(86针)
下针编织
（−86针）每2针并1针，并86次
下针编织
花样编织A
118cm（172针）起针

前身片
花样编织B
与后身片相同

5.5cm（16针）
7cm（20针）　5.5cm（16针）　7cm（20针）
（+1针）
6cm（22行）
平16行 1-1-6 留10针
7cm（26行）
3cm（10针）
29.5cm(86针)
下针编织
（−86针）每2针并1针，并86次
下针编织
花样编织A
118cm（172针）起针

13cm（48行）
7cm（26行）
6cm（22行）
6.5cm（24行）
1cm(8行)

袖片
8cm（24针）
（+1针）
（−26针）平2行 1-1-4 4-2-9 留4针
26cm（76针）下针编织
（+7针）平16行 6-1-7
21cm（62针）
上下针编织
花样编织C
21cm（62针）起针

11.5cm（42行）
15.5cm（58行）
1.5cm(6行)
5cm（18行）

腰部衣摆
（−86针）每2针并1针，并86次
上下针编织
花样编织A
6.5cm（24行）
1cm(8行)
118cm（172针）起针

款式图
花样编织D
挑30针
3cm（12行）
挑36针

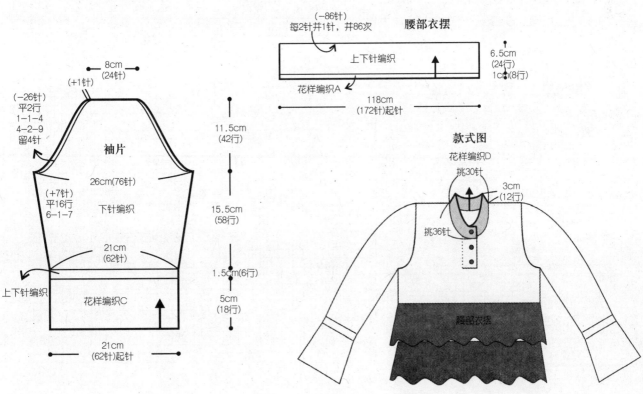

腰部衣摆

花样编织A

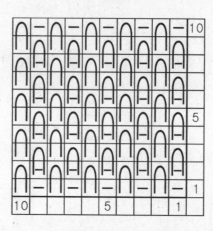

花样编织C

花样编织D

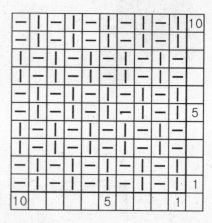

花样编织B

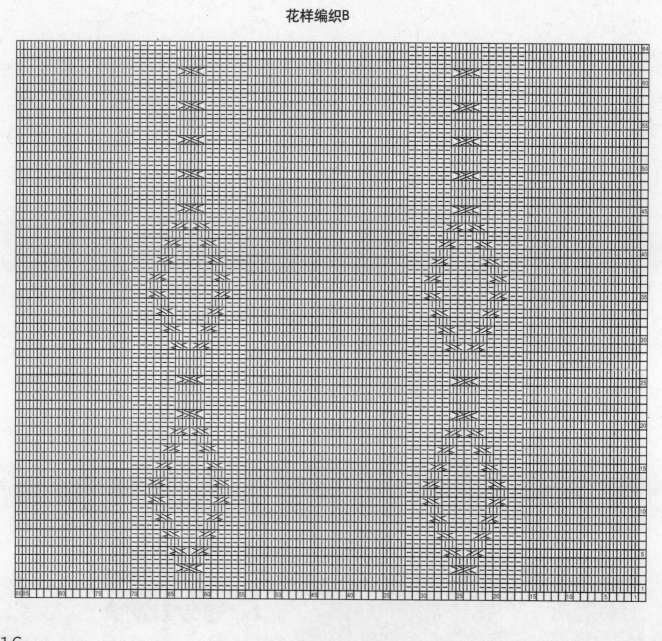

116

材 料：
中粗羊毛线绿色200g，蓝色、驼色、粉色线各适量，装饰扣5颗

工 具：
2.7mm、3.3mm棒针，2.5/0号钩针

成品尺寸：
衣长34cm、胸围61cm、肩袖长24.5cm

编织密度：
2.7mm棒针 上下针编织 34针×50行/10cm
双罗纹编织 34针×40行/10cm
3.3mm棒针 花样编织A～D 28针×40行/10cm

结构图

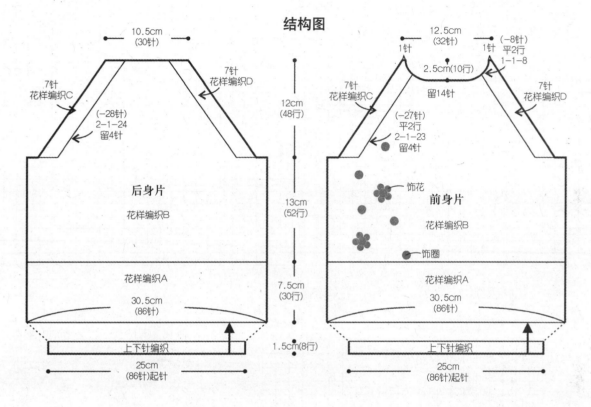

10.5cm（30针）
7针 花样编织C
7针 花样编织D
（-28针）2-1-24 留4针
后身片
花样编织B
花样编织A
30.5cm（86针）
上下针编织
25cm（86针）起针
12cm（48行）
13cm（52行）
7.5cm（30行）
1.5cm（8行）

12.5cm（32针）
1针
（-8针）平2行 1-1-8
1针
2.5cm（10行）
留14针
7针 花样编织C
（-27针）平2行 2-1-23 留4针
饰花
前身片
花样编织B
花样编织A
30.5cm（86针）
上下针编织
25cm（86针）起针
7针 花样编织D
饰圈

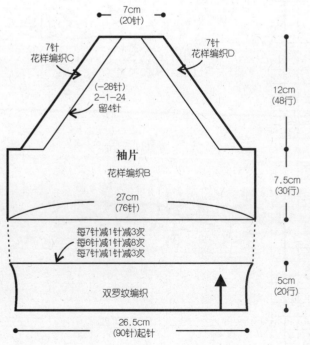

7cm（20针）
7针 花样编织C
7针 花样编织D
（-28针）2-1-24 留4针
袖片
花样编织B
27cm（76针）
每7针减1针减3次
每6针减1针减8次
每7针减1针减3次
双罗纹编织
26.5cm（90针）起针
12cm（48行）
7.5cm（30行）
5cm（20行）

花样编织B

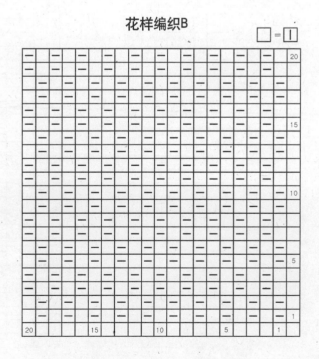

□=│

花样编织A

□=□

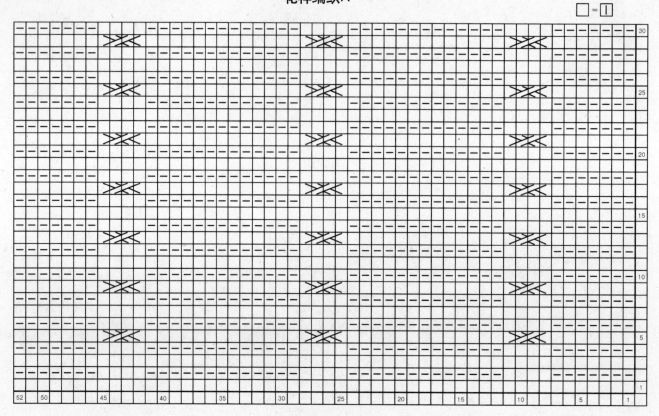

花样编织C

□=□

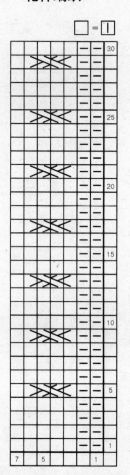

花样编织D

□=□

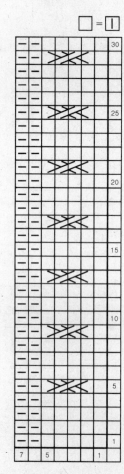

饰花编织

2朵

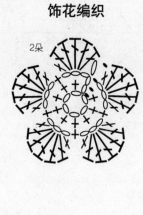

饰圈编织

5个驼色

领

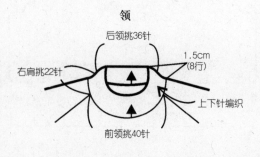

后领挑36针

1.5cm
(8行)

右肩挑22针

上下针编织

前领挑40针

118

材　料：
中粗羊毛线粉色200g、白色适量，
直径为15mm的纽扣5颗

工　具：
3.0mm棒针

成品尺寸：
衣长36.5cm、胸围66.5cm、背肩宽23.5cm、袖长29.5cm

编织密度：
花样编织A　　30针×45行/10cm
花样编织E　　30针×72行/10cm
上下针编织　　30针×50行/10cm
花样编织B、C、D，下针编织　　30针×42行/10cm

结构图

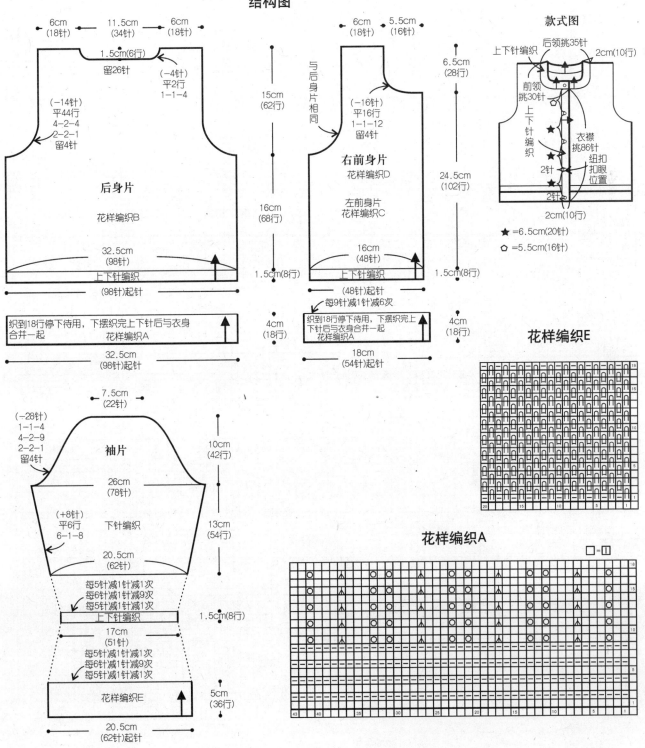

后身片

花样编织B

6cm（18针）　11.5cm（34针）　6cm（18针）

1.5cm（6行）　留26针

（−4针）　平2行　1−1−4

（−14针）　平44行　4−2−4　2−2−1　留4针

15cm（62行）

16cm（68行）

32.5cm（98针）

上下针编织

（98针）起针

1.5cm（8行）

织到18行停下待用，下摆织完上下针后与衣身合并一起
花样编织A

32.5cm（98针）起针

右前身片

花样编织D

左前身片
花样编织C

6cm（18针）　5.5cm（16针）

与后身片相同

（−16针）　平16行　1−1−12　留4针

6.5cm（28行）

24.5cm（102行）

16cm（48针）

上下针编织

（48针）起针
每9针减1针减6次

1.5cm（8行）

织到18行停下待用，下摆织完上下针后与衣身合并一起
花样编织A

18cm（54针）起针

4cm（18行）

4cm（18行）

款式图

后领挑35针
上下针编织　　2cm（10行）

前领挑30针

上下针编织

衣襟挑86针

纽扣扣眼位置

2针

2针

2cm（10行）

★＝6.5cm（20针）
⬠＝5.5cm（16针）

袖片

下针编织

7.5cm（22针）

（−28针）　1−1−4　4−2−9　2−2−1　留4针

26cm（78针）

10cm（42行）

（+8针）　平6行　6−1−8

13cm（54行）

20.5cm（62针）

每5针减1针减1次
每6针减1针减9次
每5针减1针减1次

上下针编织

1.5cm（8行）

17cm（51针）

每5针减1针减1次
每6针减1针减9次
每5针减1针减1次

花样编织E

20.5cm（62针）起针

5cm（36行）

花样编织E

花样编织A

□＝□

回=白色十字绣　　　　　　□=粉色下针编织

花样编织C　　　　　花样编织D

⊡=白色十字绣　　　　　□=粉色下针编织

121

材　料：
中粗羊毛线深红色160g、
灰色80g

工　具：
3.3mm棒针

成品尺寸：
衣长40cm、胸围61cm、肩袖长40.5cm

编织密度：
花样编织A、C、E、F、G，下针编织
27针×36行/10cm
花样编织D　　34针×36行/10cm
花样编织B，上下针编织　　34针×36行/10cm

结构图

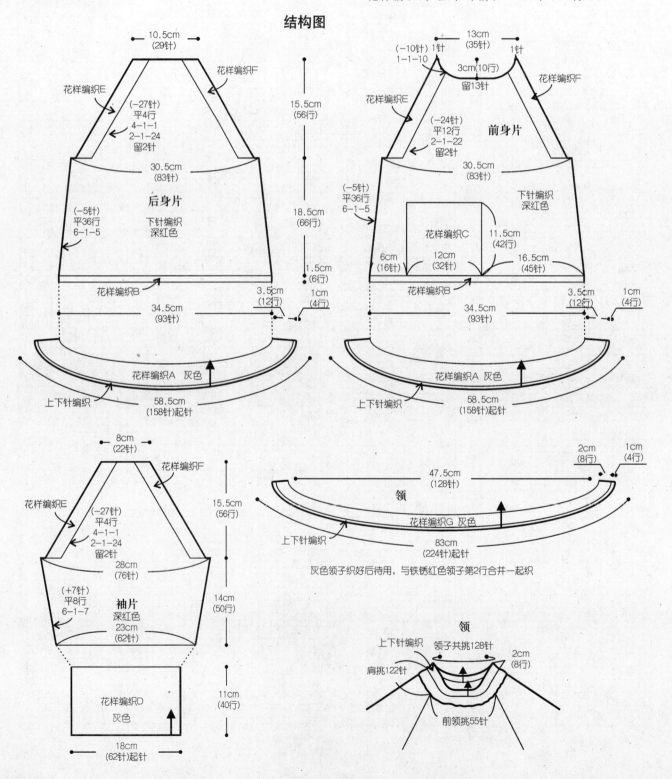

后身片
10.5cm（29针）
花样编织E
花样编织F
（-27针）平4行 4-1-1 2-1-24 留2针
30.5cm（83针）
15.5cm（56行）
18.5cm（66行）
1.5cm（6行）
（-5针）平36行 6-1-5
下针编织 深红色
花样编织B
34.5cm（93针）
3.5cm（12行）
1cm（4行）
上下针编织
花样编织A 灰色
58.5cm（158针）起针

前身片
13cm（35针）
（-10针）1-1-10 1针
3cm（10行）留13针
1针
花样编织E
花样编织F
（-24针）平12行 2-1-22 留2针
30.5cm（83针）
下针编织 深红色
花样编织C
11.5cm（42行）
12cm（32针）
6cm（16针）
16.5cm（45针）
（-5针）平36行 6-1-5
花样编织B
34.5cm（93针）
3.5cm（12行）
1cm（4行）
上下针编织
花样编织A 灰色
58.5cm（158针）起针

袖片
8cm（22针）
花样编织E
花样编织F
（-27针）平4行 4-1-1 2-1-24 留2针
28cm（76针）
15.5cm（56行）
（+7针）平8行 6-1-7
14cm（50行）
袖片 深红色
23cm（62针）
花样编织D 灰色
18cm（62针）起针
11cm（40行）

领
47.5cm（128针）
2cm（8行）
1cm（4行）
花样编织G 灰色
上下针编织
83cm（224针）起针
灰色领子织好后待用，与铁锈红色领子第2行合并一起织

领
上下针编织　领子共挑128针
肩挑122针
2cm（8行）
前领挑55针

花样编织A

□ = □

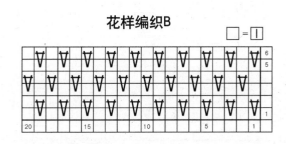

| 50 | 45 | 40 | 35 | 30 | 25 | 20 | 15 | 10 | 5 | 1 |

12

10

5

1

花样编织B

□ = □

| 20 | 15 | 10 | 5 | 1 |

6
5

1

花样编织E

□ = □

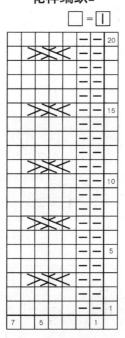

20

15

10

5

1

| 7 | 5 | 1 |

花样编织D

□ = □

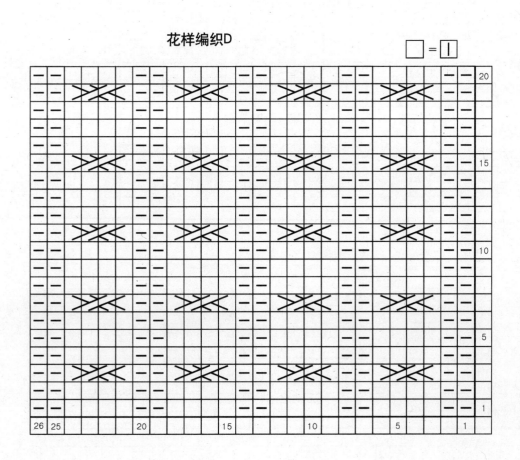

| 26 | 25 | 20 | 15 | 10 | 5 | 1 |

20

15

10

5

1

花样编织F

□ = □

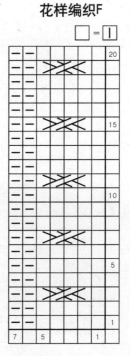

20

15

10

5

1

| 7 | 5 | 1 |

123

花样编织C

□ = |

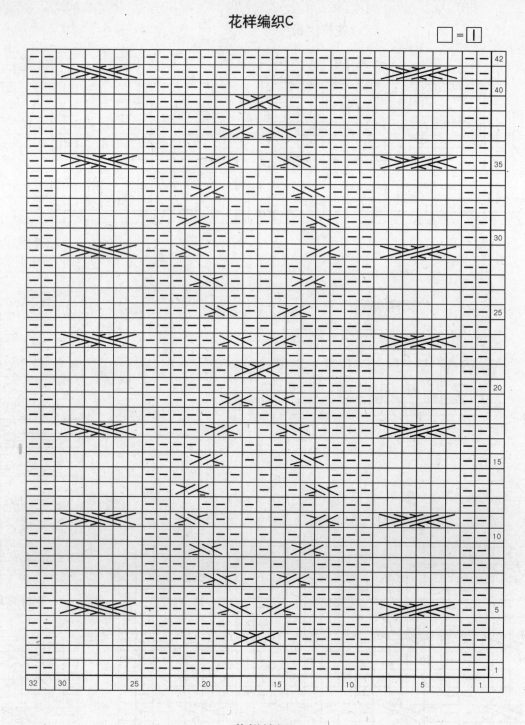

花样编织G

□ = |

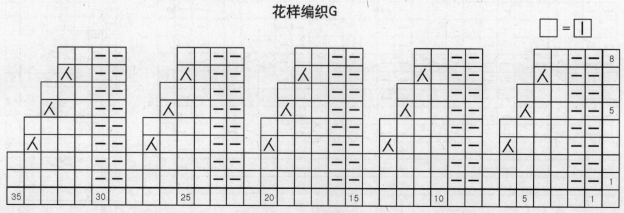

材　料：
中粗羊毛线紫色160g，黄、白、灰色线各适量，直径为15mm的纽扣5颗

工　具：
2.7mm、3.0mm棒针

成品尺寸：
衣长32cm、胸围56cm、背肩宽21cm、袖长28cm

编织密度：
2.7mm棒针 上下针编织　32针×50行/10cm
3.3mm棒针 花样编织、下针编织、单罗纹编织
32针×44行/10cm

结构图

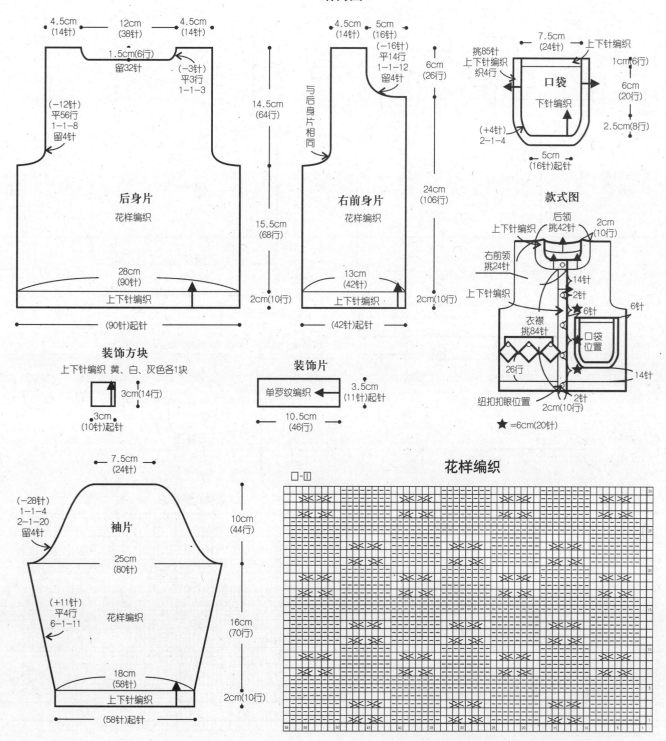

4.5cm（14针）　12cm（38针）　4.5cm（14针）
1.5cm(6行) 留32针 （-3针）平3行 1-1-3
（-12针）平56行 1-1-8 留4针
后身片
花样编织
14.5cm（64行）
15.5cm（68行）
28cm（90针）
上下针编织
（90针）起针
2cm(10行)

4.5cm（14针）　5cm（16针）
（-16针）平14行 1-1-12 留4针
与后身片相同
6cm（26行）
右前身片
花样编织
24cm（106行）
13cm（42针）
上下针编织
（42针）起针
2cm(10行)

挑85针 上下针编织 织4行
7.5cm（24针）上下针编织
1cm(6行)
口袋
下针编织
6cm（20行）
（+4针）2-1-4
5cm（16针）起针
2.5cm(8行)

款式图
后领 挑42针
上下针编织
右前领 挑24针
上下针编织
衣襟 挑84针
口袋位置
纽扣扣眼位置
2cm(10行)
14针　2cm(10行)　6针
2针　6针　14针
26行
★=6cm(20针)

装饰方块
上下针编织 黄、白、灰色各1块
3cm（14行）
3cm（10针）起针

装饰片
单罗纹编织
3.5cm（11针）起针
10.5cm（46行）

袖片
7.5cm（24针）
（-28针）1-1-4 2-1-20 留4针
10cm（44行）
25cm（80针）
（+11针）平4行 6-1-11
花样编织
16cm（70行）
18cm（58针）
上下针编织
（58针）起针
2cm(10行)

花样编织
□-□

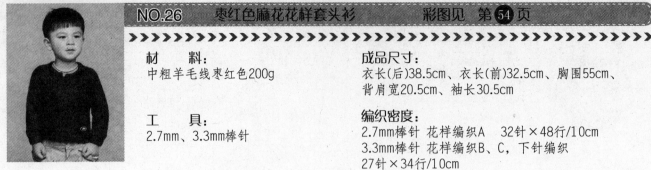

材　料:
中粗羊毛线枣红色200g

工　具:
2.7mm、3.3mm棒针

成品尺寸:
衣长(后)38.5cm、衣长(前)32.5cm、胸围55cm、
背肩宽20.5cm、袖长30.5cm

编织密度:
2.7mm棒针 花样编织A　32针×48行/10cm
3.3mm棒针 花样编织B、C，下针编织
27针×34行/10cm

结构图

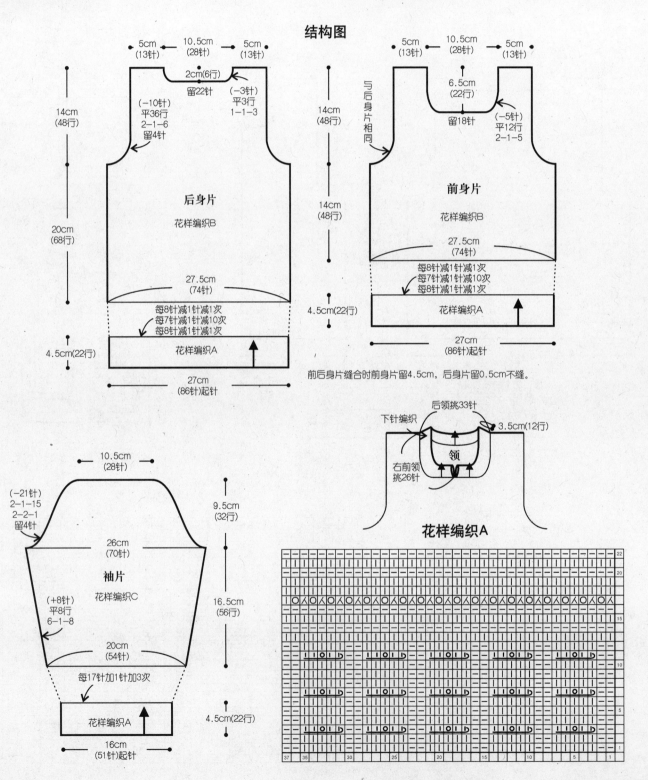

后身片

5cm(13针)　10.5cm(28针)　5cm(13针)

2cm(6行)
留22针

(−10针)
平36行
2-1-6
留4针

(−3针)
平3行
1-1-3

14cm(48行)

20cm(68行)

花样编织B

27.5cm(74针)

每8针减1针减1次
每7针减1针减10次
每8针减1针减1次

4.5cm(22行)　花样编织A

27cm(86针)起针

前身片

5cm(13针)　10.5cm(28针)　5cm(13针)

与后身片相同

6.5cm(22行)

留18针

(−5针)
平12行
2-1-5

14cm(48行)

14cm(48行)

花样编织B

27.5cm(74针)

每8针减1针减1次
每7针减1针减10次
每8针减1针减1次

4.5cm(22行)　花样编织A

27cm(86针)起针

前后身片缝合时前身片留4.5cm，后身片留0.5cm不缝。

袖片

10.5cm(28针)

(−21针)
2-1-15
2-2-1
留4针

26cm(70针)

9.5cm(32行)

花样编织C

(+8针)
平8行
6-1-8

16.5cm(56行)

20cm(54针)

每17针加1针加3次

4.5cm(22行)

花样编织A

16cm(51针)起针

后领挑33针

下针编织

3.5cm(12行)

领

右前领
挑26针

花样编织A

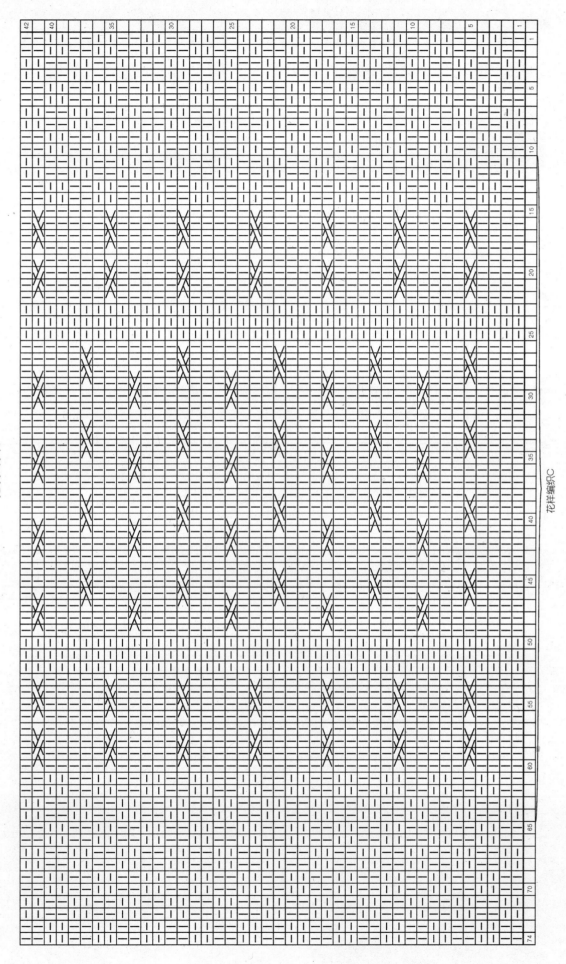

花样编织B

花样编织C

材　料：
黑色毛线200g、圈圈呢200g，直径为15mm的纽扣5颗，直径为10mm的纽扣6颗

工　具：
4mm、3.2mm棒针

成品尺寸：
衣长35cm、胸围68.5cm、背肩宽23cm、袖长30.5cm

编织密度：
4mm棒针　上下针编织　18针×27行/10cm
3.2mm棒针　花样编织A、B　32针×40行/10cm

结构图

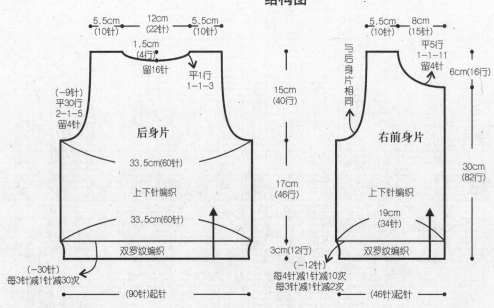

后身片
5.5cm（10针）　12cm（22针）　5.5cm（10针）
1.5cm（4行）
留16针
平1行
1-1-3
（-9针）
平30行
2-1-5
留4针
33.5(60针)
上下针编织
33.5(60针)
双罗纹编织
（-30针）
每3针减1针减30次
（90针）起针

右前身片
5.5cm（10针）　8cm（15针）
与后身片相同
平5行
1-1-11
留4针
6cm(16行)
15cm（40行）
17cm（46行）
3cm（12行）
30cm（82行）
上下针编织
19cm（34针）
双罗纹编织
（-12针）
每4针减1针减10次
每3针减1针减2次
（46针）起针

口袋
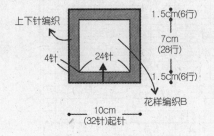
上下针编织
4针
24针
1.5cm(6行)
7cm（28行）
1.5cm(6行)
花样编织B
10cm（32针）起针

领

花样编织B
9cm（36行）
51cm（164针）起针

袖片
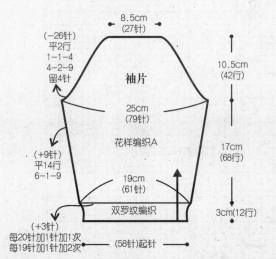
8.5cm（27针）
（-26针）
平2行
1-1-4
4-2-9
留4针
25cm（79针）
花样编织A
（+9针）
平14行
6-1-9
19cm（61针）
双罗纹编织
10.5cm（42行）
17cm（68行）
3cm（12行）
（+3针）
每20针加1针加1次
每19针加1针加2次
（58针）起针

款式图
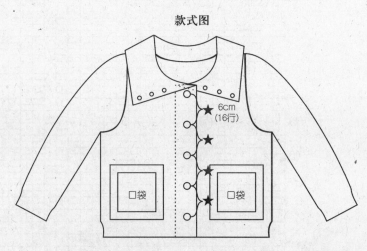
6cm（16行）
口袋　口袋

花样编织A

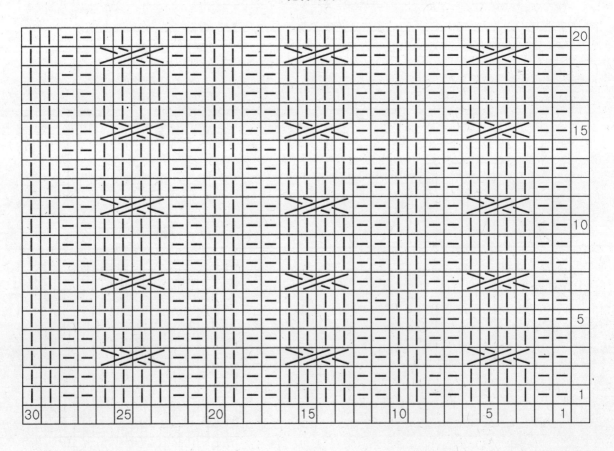

花样编织B

材　料：
中粗羊毛线蓝色250g

成品尺寸：
衣长36cm、胸围67.5cm、背肩宽25.5cm、袖长31cm

工　具：
3.6mm棒针

编织密度：
花样编织A～C，下针编织，双罗纹编织　26针×35行/10cm

结构图

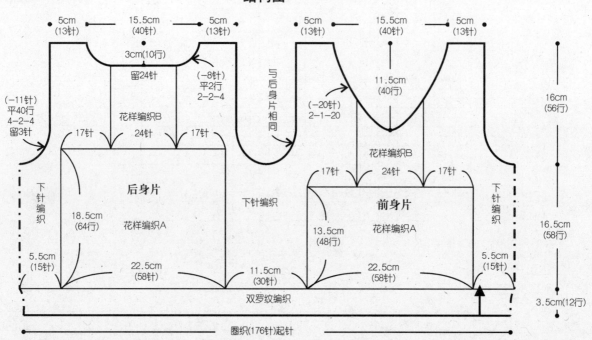

5cm（13针）　15.5cm（40针）　5cm（13针）　　5cm（13针）　15.5cm（40针）　5cm（13针）

3cm（10行）
留24针　（-8针）平2行 2-2-4

花样编织B

与后身片相同

11.5cm（40行）
（-20针）2-1-20

花样编织B

（-11针）平40行 4-2-4 留3针

17针　24针　17针　　17针　24针　17针

下针编织

后身片

18.5cm（64行）　花样编织A

下针编织

前身片

13.5cm（48行）　花样编织A

下针编织

下针编织

16cm（56行）

16.5cm（58行）

5.5cm（15针）　22.5cm（58针）　11.5cm（30针）　22.5cm（58针）　5.5cm（15针）

双罗纹编织

3.5cm（12行）

圈织（176针）起针

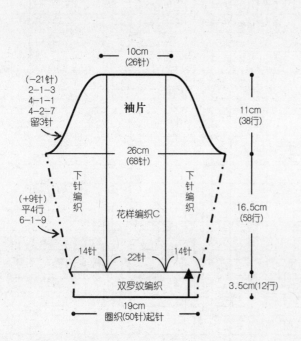

10cm（26针）

（-21针）2-1-3 4-1-1 4-2-7 留3针

袖片

26cm（68针）

11cm（38行）

下针编织　　下针编织

花样编织C

16.5cm（58行）

（+9针）平4行 6-1-9

14针　22针　14针

双罗纹编织

3.5cm（12行）

19cm

圈织（50针）起针

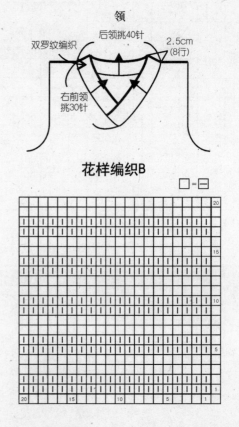

领

后领挑40针　　2.5cm（8行）

双罗纹编织

右前领挑30针

花样编织B

□=□

花样编织A

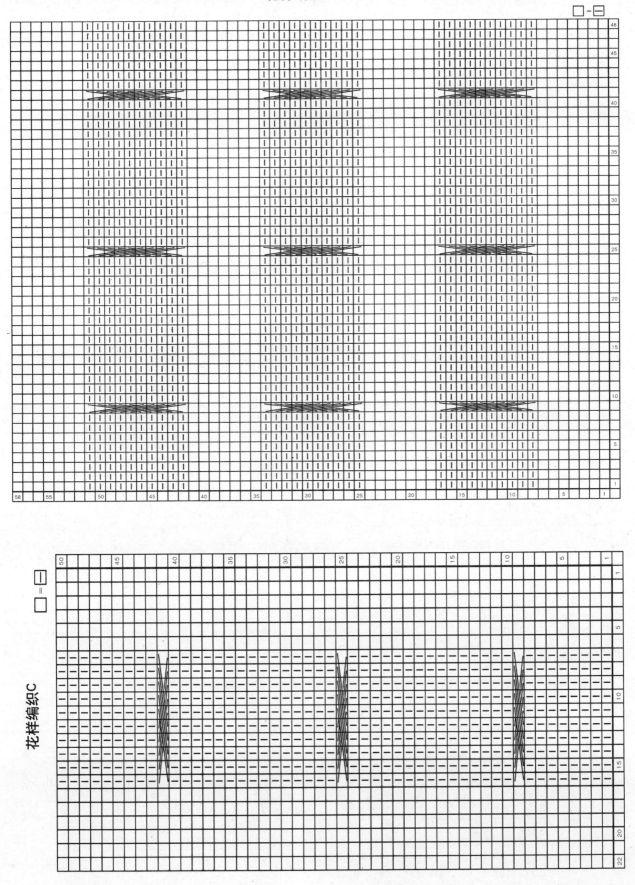

花样编织C

材 料：
中粗羊毛线灰色、深红色各100g，黑色、蓝色、绿色、黄色线各适量，直径为5mm的纽扣12颗

工 具：
3.6mm棒针，2/0号钩针

成品尺寸：
衣长31.5cm、胸围65cm、背肩宽25.5cm、袖长28cm

编织密度：
花样编织A　25针×50行/10cm
花样编织B、下针编织 、上下针编织
25针×36行/10cm

结构图

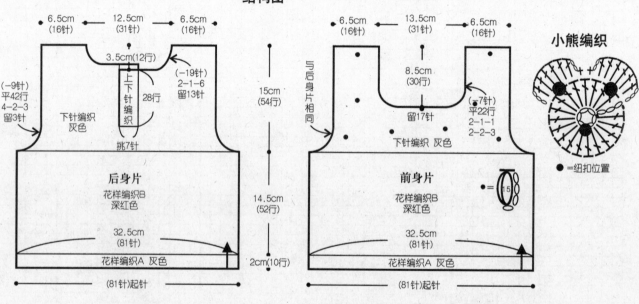

6.5cm（16针）　12.5cm（31针）　6.5cm（16针）

3.5cm（12行）

上下针编织　28行

挑7针

（−9针）平42行 4−2−3 留3针

下针编织 灰色

15cm（54行）

14.5cm（52行）

后身片
花样编织B
深红色

32.5cm（81针）

花样编织A 灰色

2cm（10行）

（81针）起针

6.5cm（16针）　13.5cm（31针）　6.5cm（16针）

8.5cm（30行）

与后身片相同

（−7针）平22行 2−1−1 2−2−3

留17针

下针编织 灰色

前身片
花样编织B
深红色

●=1.5

32.5cm（81针）

花样编织A 灰色

（81针）起针

小熊编织

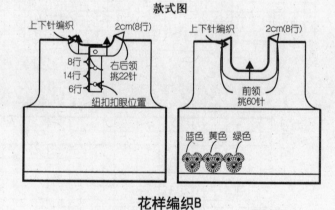

●=纽扣位置

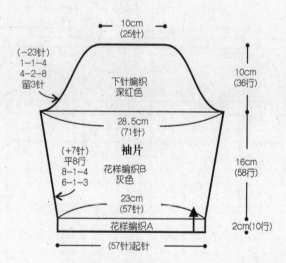

10cm（25针）

（−23针）1−1−4 4−2−8 留3针

下针编织 深红色

28.5cm（71针）

（+7针）平8行 8−1−4 6−1−3

袖片
花样编织B
灰色

23cm（57针）

花样编织A

10cm（36行）

16cm（58行）

2cm（10行）

（57针）起针

款式图

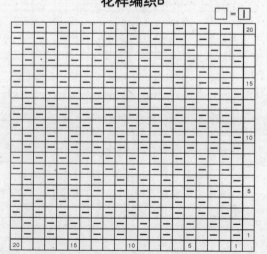

上下针编织　2cm（8行）

8行　14行　6行　右后领 挑22针

纽扣扣眼位置

上下针编织　2cm（8行）

前领 挑60针

蓝色 黄色 绿色

花样编织A

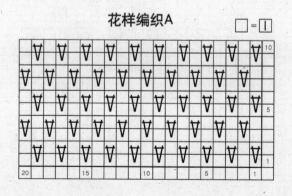

□=|

花样编织B

□=|

材　料：
中粗羊毛线浅灰色150g、深灰色
100g，直径为15mm的纽扣6颗，直
径为10mm的纽扣4颗
工　具：
3.9mm棒针

成品尺寸：
衣长37cm、胸围65.5cm、背肩宽21cm、袖长31cm

编织密度：
上下针编织　20针×40行/10cm
花样编织A~E，下针编织　20针×28行/10cm

结构图

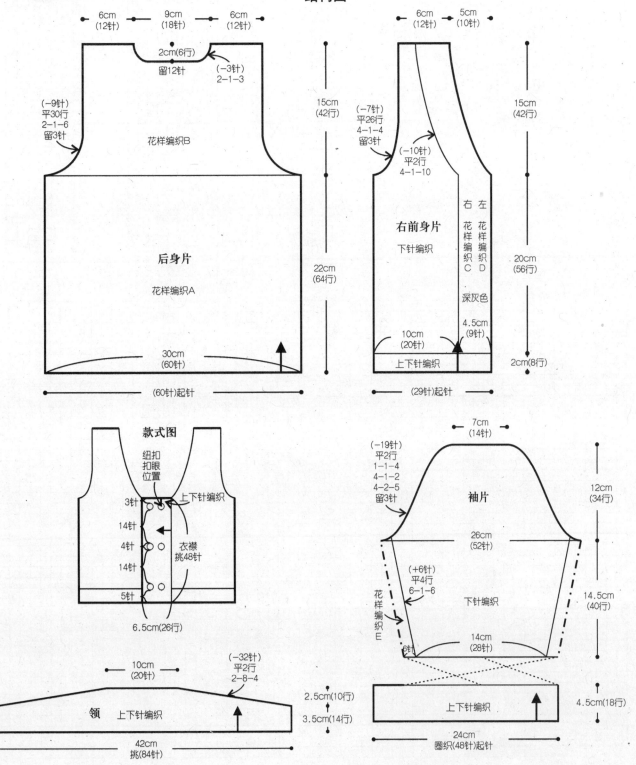

6cm(12针)　9cm(18针)　6cm(12针)

2cm(6行)
留12针　　（−3针）2-1-3

（−9针）
平30行
2-1-6
留3针

花样编织B

后身片

花样编织A

30cm(60针)

（60针）起针

15cm(42行)

22cm(64行)

6cm(12针)　5cm(10针)

（−7针）平26行4-1-4 留3针

（−10针）平2行4-1-10

右前身片

下针编织

右花样编织C　左花样编织D

深灰色

4.5cm(9针)

10cm(20针)

上下针编织

（29针）起针

15cm(42行)

20cm(56行)

2cm(8行)

款式图

纽扣扣眼位置

上下针编织

3针

14针

4针

14针

5针

衣襟挑48针

6.5cm(26行)

领　上下针编织

10cm(20针)

42cm
挑(84针)

（−32针）平2行2-8-4

2.5cm(10行)

3.5cm(14行)

7cm(14针)

（−19针）
平2行
1-1-4
4-1-2
4-2-5
留3针

袖片

26cm(52针)

（+6针）平4行6-1-6

花样编织E

下针编织

14cm(28针)

6针

上下针编织

24cm
圈织(48针)起针

12cm(34行)

14.5cm(40行)

4.5cm(18行)

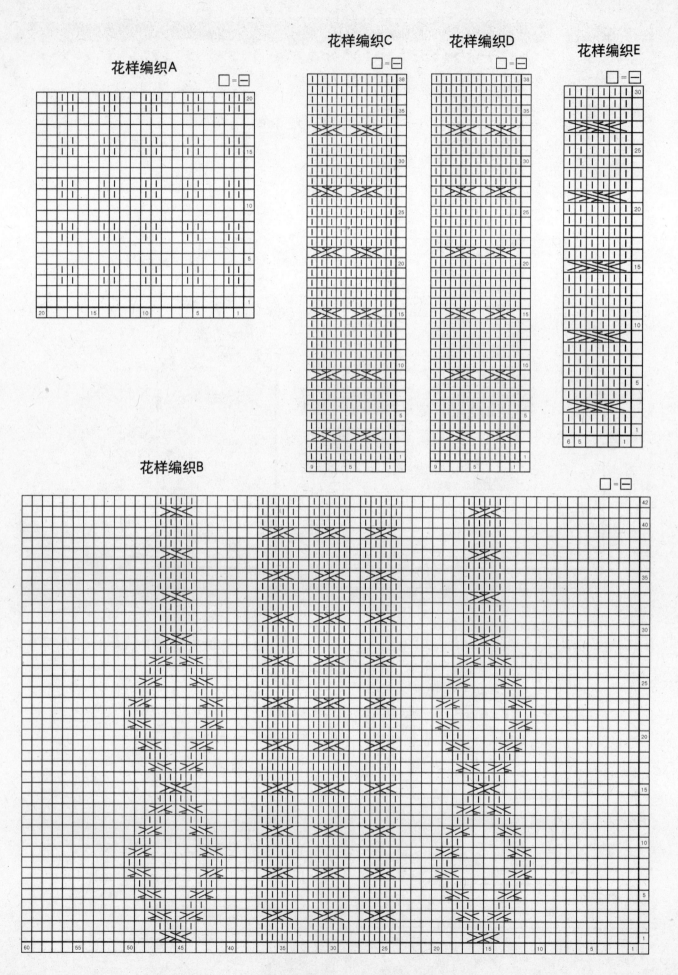

花样编织A

花样编织C

花样编织D

花样编织E

花样编织B

134

材　料：
中粗羊毛线红棕色250g

工　具：
3.3mm棒针

成品尺寸：
衣长38cm、胸围63.5cm、肩袖长38.5cm

编织密度：
花样编织A、B，双罗纹编织　28针×40行/10cm

结构图

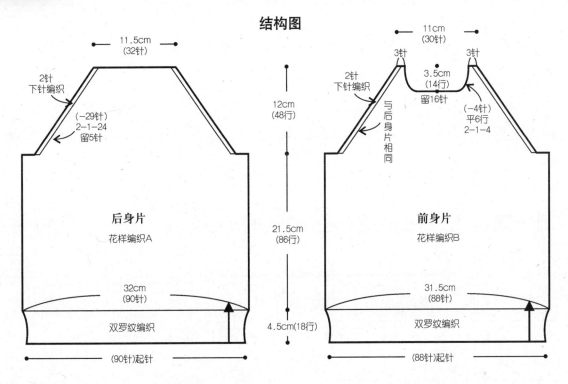

11.5cm
(32针)

2针
下针编织

（−29针）
2-1-24
留5针

12cm
(48行)

后身片
花样编织A

21.5cm
(86行)

32cm
(90针)

双罗纹编织

4.5cm(18行)

(90针)起针

11cm
(30针)

3针　　　3针

3.5cm
(14行)

2针
下针编织

与后身片相同

留16针

（−4针）
平6行
2-1-4

前身片
花样编织B

31.5cm
(88针)

双罗纹编织

(88针)起针

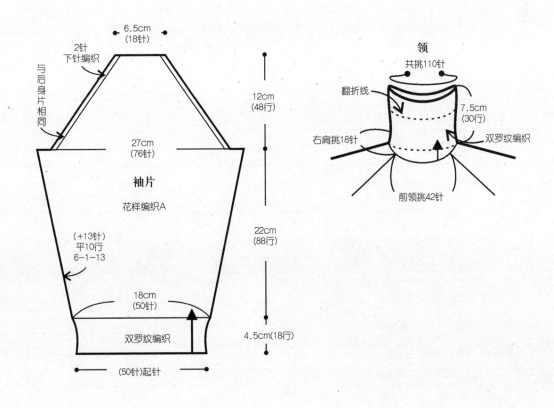

6.5cm
(18针)

2针
下针编织

与后身片相同

12cm
(48行)

27cm
(76针)

袖片
花样编织A

（+13针）
平10行
6-1-13

22cm
(88行)

18cm
(50针)

双罗纹编织

4.5cm(18行)

(50针)起针

领

共挑110针

翻折线

7.5cm
(30行)

右肩挑18针

双罗纹编织

前领挑42针

花样编织A

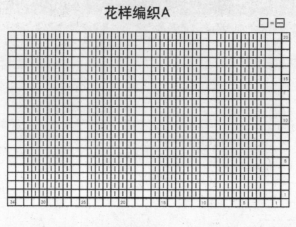

□ = ⊟

花样编织B

□ = ⊟

材　料：
中粗羊毛线米色250g，直径
为15mm的纽扣3颗

成品尺寸：
衣长36.5cm、胸围64cm、背肩宽24cm、袖长32.5cm

工　具：
3.6mm棒针

编织密度：
花样编织　　41针×34行/10cm
双罗纹编织　27针×34行/10cm

结构图

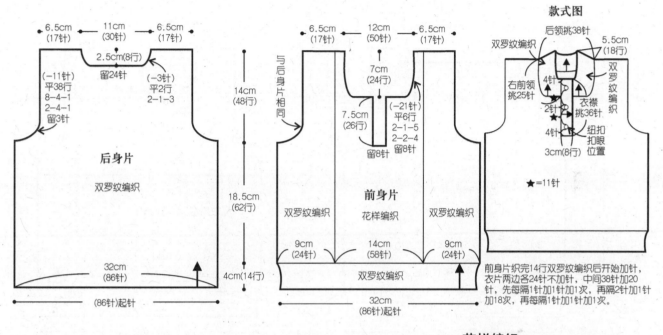

6.5cm（17针）　11cm（30针）　6.5cm（17针）
2.5cm(8行)
留24针
（−11针）
平38行
8-4-1
2-4-1
留3针
（−3针）
平2行
2-1-3
14cm（48行）

后身片

双罗纹编织

18.5cm（62行）

32cm（86针）

4cm（14行）

（86针）起针

6.5cm（17针）　12cm（50针）　6.5cm（17针）
7cm（24行）
与后身片相同
7.5cm（26行）
（−21针）
平6行
2-1-5
2-2-4
留8针
留8针

前身片

双罗纹编织　花样编织　双罗纹编织

9cm（24针）　14cm（58针）　9cm（24针）

双罗纹编织

32cm（86针）起针

款式图

后领挑38针
5.5cm（18行）
双罗纹编织
双罗纹编织
右前领挑25针
4针
2针
4针
衣襟挑36针
纽扣扣眼位置
3cm(8行)
★=11针

前身片织完14行双罗纹编织后开始加针，
衣片两边各24针不加针，中间38针加20
针，先每隔1针加1针加1次，再隔2针加1
针加18次，再每隔1针加1针加1次。

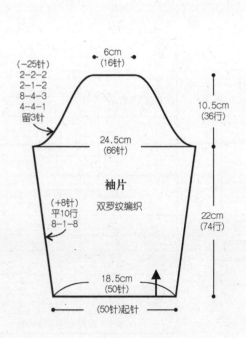

（−25针）
2-2-2
2-1-2
8-4-3
4-4-1
留3针

6cm（16针）

10.5cm（36行）

24.5cm（66针）

袖片

双罗纹编织

（+8针）
平10行
8-1-8

22cm（74行）

18.5cm（50针）

（50针）起针

花样编织

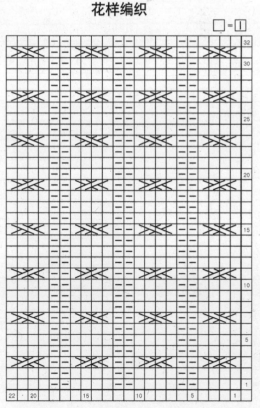

□=▯

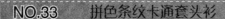

材　料：
中粗羊毛线蓝色80g，驼色、紫色各
50g，白色、灰色、绿色、深蓝色、
褐色、深红色各适量，饰珠6颗

工　具：
3.6mm棒针

成品尺寸：
衣长37cm、胸围63cm、背肩宽24cm、袖长31.5cm

编织密度：
花样编织、下针编织、上下针编织、
双罗纹编织　26针×34行/10cm

结构图

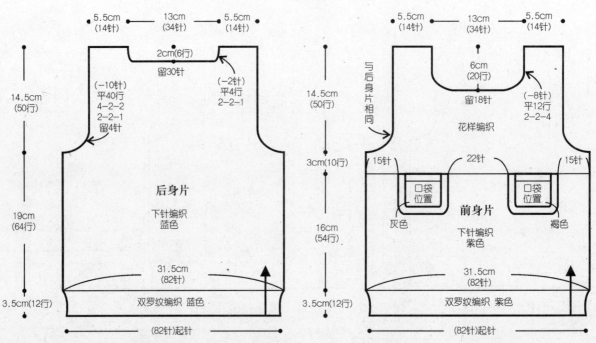

领配色表

第7~10行	灰色4行
第1~6行	紫色6行

右袖下针编织配色表

第89~96行	绿色8行
第81~88行	褐色8行
第73~80行	灰色8行
第65~72行	绿色8行
第57~64行	褐色8行
第49~56行	灰色8行
第41~48行	绿色8行
第33~40行	褐色8行
第25~32行	灰色8行
第17~24行	绿色8行
第9~16行	褐色8行
第1~8行	灰色8行

左袖下针编织配色表

第93~96行	白色8行
第87~92行	灰色6行
第83~86行	深蓝色4行
第75~82行	白色8行
第69~74行	灰色6行
第65~68行	深蓝色4行
第57~64行	白色8行
第51~56行	灰色6行
第47~50行	深蓝色4行
第39~46行	白色8行
第31~38行	灰色6行
第27~30行	深蓝色4行
第19~26行	白色8行
第13~18行	灰色6行
第9~12行	深蓝色4行
第1~8行	白色8行

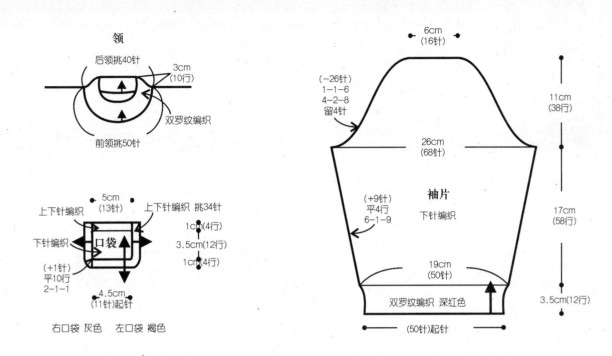

领

后领挑40针
3cm
(10行)
双罗纹编织
前领挑50针

6cm
(16针)

(-26针)
1-1-6
4-2-8
留4针

26cm
(68针)

袖片
下针编织

11cm
(38行)

(+9针)
平4行
6-1-9

17cm
(58行)

19cm
(50针)

双罗纹编织 深红色

3.5cm(12行)

(50针)起针

5cm
(13针)
上下针编织

上下针编织 挑34针

下针编织

口袋

(+1针)
平10行
2-1-1

4.5cm
(11针)起针

1cm(4行)
3.5cm(12行)
1cm(4行)

右口袋 灰色 左口袋 褐色

花样编织

□=□   M=黑色十字绣   □=驼色   ○=饰珠

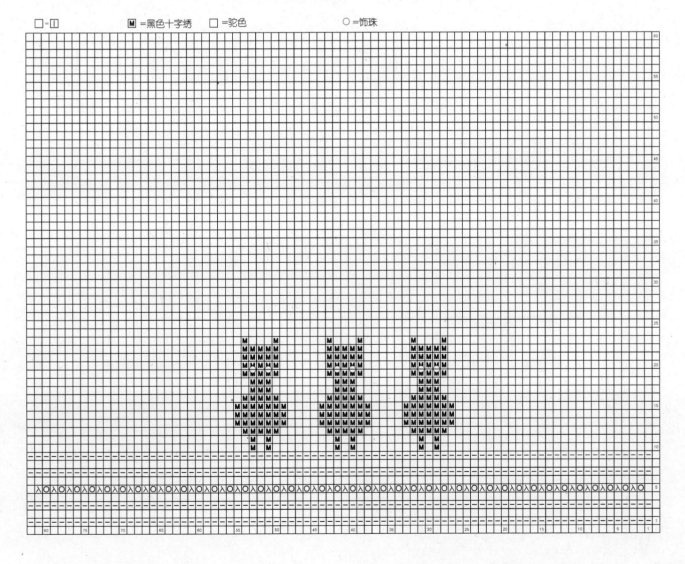

材　料：
中粗羊毛线米色400g

工　具：
3.6mm棒针

成品尺寸：
衣长41.5cm、胸围64cm、肩袖长45.5cm

编织密度：
花样编织、双罗纹编织　28针×32行/10cm

结构图

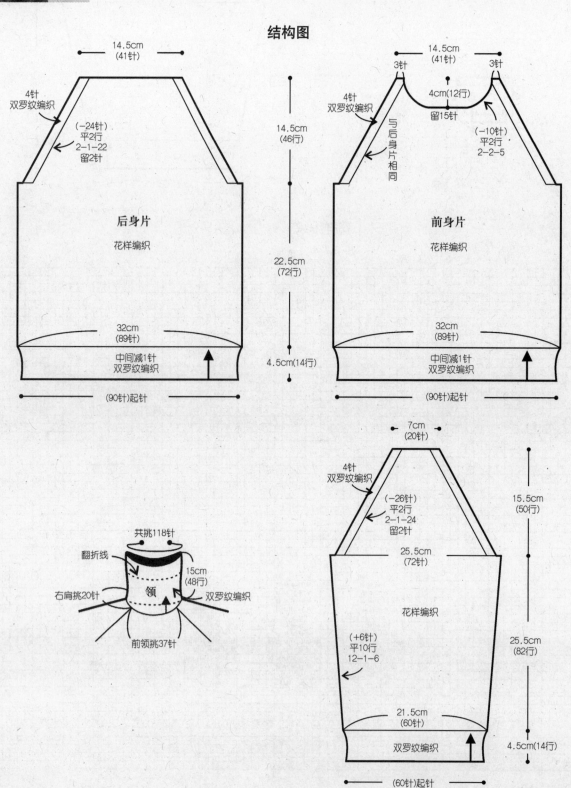

14.5cm
(41针)

4针
双罗纹编织

(−24针)
平2行
2−1−22
留2针

14.5cm
(46行)

后身片

花样编织

22.5cm
(72行)

32cm
(89针)

中间减1针
双罗纹编织

4.5cm(14行)

(90针)起针

14.5cm
(41针)

3针　　　　　3针

4针
双罗纹编织

4cm(12行)
留15针

与后身片相同

(−10针)
平2行
2−2−5

前身片

花样编织

32cm
(89针)

中间减1针
双罗纹编织

(90针)起针

共挑118针

翻折线

15cm
(48行)

领

右肩挑20针　　　双罗纹编织

前领挑37针

7cm
(20针)

4针
双罗纹编织

(−26针)
平2行
2−1−24
留2针

25.5cm
(72针)

15.5cm
(50行)

花样编织

(+6针)
平10行
12−1−6

25.5cm
(82行)

21.5cm
(60针)

双罗纹编织

4.5cm(14行)

(60针)起针

花样编织

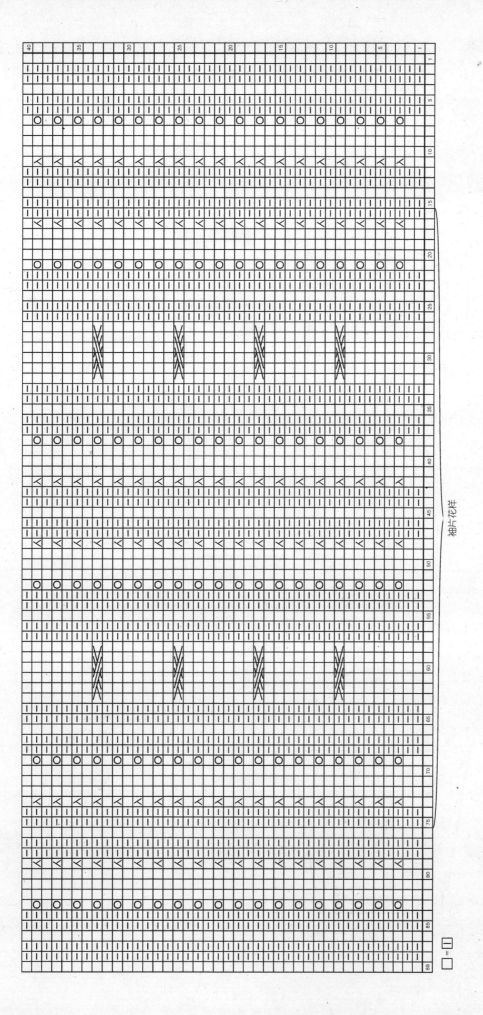

袖片花样

141

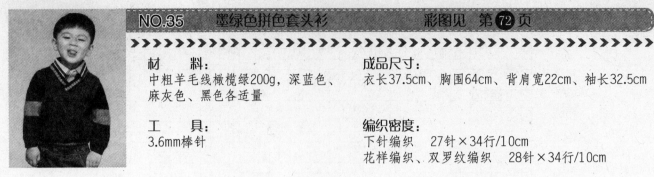

材　料：
中粗羊毛线橄榄绿200g，深蓝色、
麻灰色、黑色各适量

工　具：
3.6mm棒针

成品尺寸：
衣长37.5cm、胸围64cm、背肩宽22cm、袖长32.5cm

编织密度：
下针编织　　27针×34行/10cm
花样编织、双罗纹编织　　28针×34行/10cm

结构图

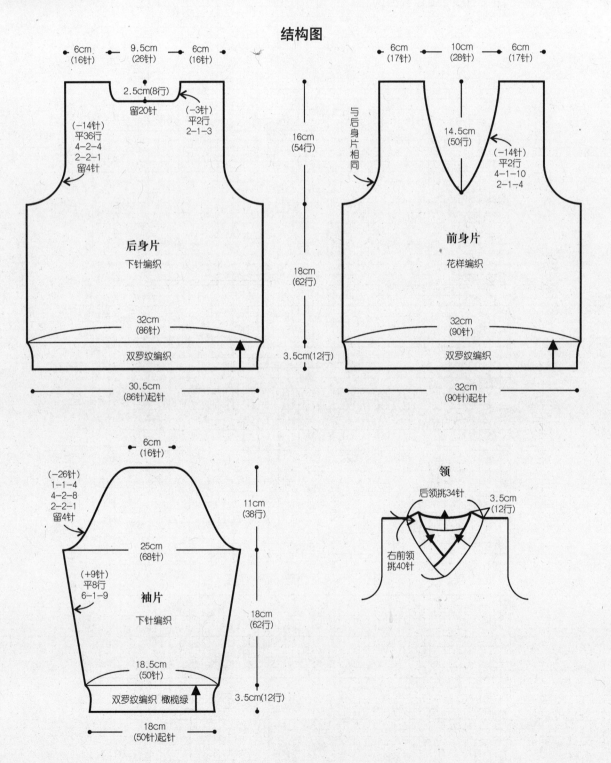

后身片 区域：

6cm (16针)　9.5cm (26针)　6cm (16针)

2.5cm(8行)
留20针
(−3针)
平2行
2−1−3

(−14针)
平36行
4−2−4
2−2−1
留4针

后身片
下针编织

16cm (54行)

18cm (62行)

3.5cm(12行)

32cm (86针)

双罗纹编织

30.5cm (86针)起针

前身片 区域：

6cm (17针)　10cm (28针)　6cm (17针)

与后身片相同

14.5cm (50行)

(−14针)
平2行
4−1−10
2−1−4

前身片
花样编织

32cm (90针)

双罗纹编织

32cm (90针)起针

袖片 区域：

6cm (16针)

(−26针)
1−1−4
4−2−8
2−2−1
留4针

25cm (68针)

(+9针)
平8行
6−1−9

袖片
下针编织

11cm (38行)

18cm (62行)

3.5cm(12行)

18.5cm (50针)

双罗纹编织 橄榄绿

18cm (50针)起针

领 区域：

领

后领挑34针　3.5cm (12行)

右前领
挑40针

袖片下针编织配色表	
第59~100行	黑色42行
第37~58行	麻灰色22行
第13~36行	深蓝色24行
第1~12行	橄榄绿12行

下摆双罗纹编织配色表	
第9~12行	黑色4行
第5~8行	麻灰色4行
第1~4行	深蓝色4行

领配色表	
第9~12行	黑色4行
第5~8行	麻灰色4行
第1~4行	深蓝色4行

花样编织

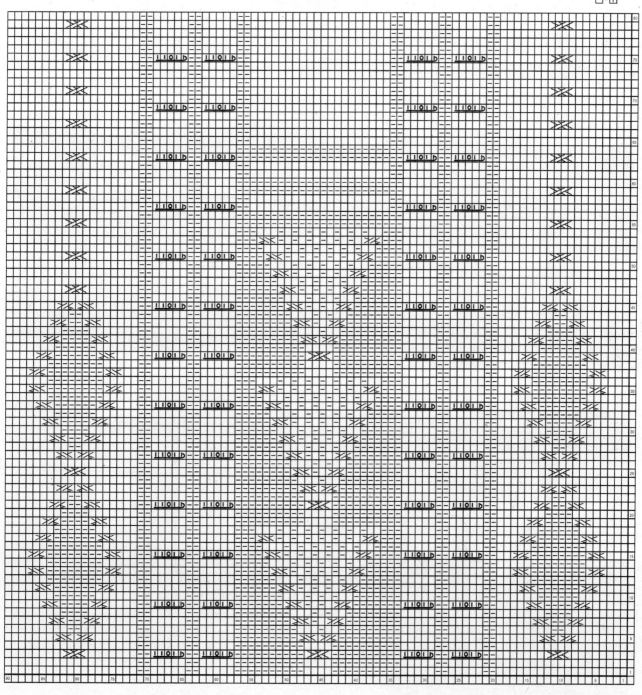

材　　料：
中粗羊毛线段染色200g，直径为
15mm的纽扣3颗

工　　具：
4.2mm棒针

成品尺寸：
衣长32.5cm、胸围65.5cm、背肩宽24cm

编织密度：
花样编织A～C，下针编织，上下针编织　20针×28
行/10cm　双罗纹编织　26针×28行/10cm

结构图

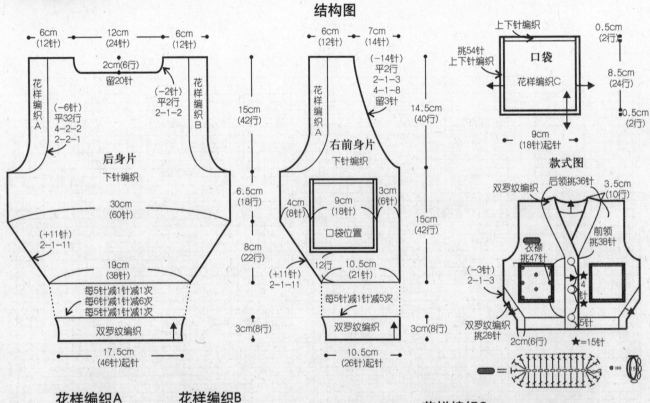

后身片
下针编织

6cm（12针）　12cm（24针）　6cm（12针）
2cm(6行)
留20针
（−2针）平2行　2-1-2
（−6针）平32行　4-2-2　2-2-1
花样编织A　花样编织B
30cm（60针）
（+11针）2-1-11
19cm（38针）
每5针减1针减1次
每6针减1针减6次
每5针减1针减1次
双罗纹编织
17.5cm（46针）起针

15cm（42行）
6.5cm（18行）
8cm（22行）
3cm(8行)

右前身片
下针编织

6cm（12针）　7cm（14针）
（−14针）平2行　2-1-3　4-1-8　留3针
花样编织A
4cm（8针）　9cm（18针）　3cm（6针）
口袋位置
12行　10.5cm（21针）
（+11针）2-1-11
每5针减1针减5次
双罗纹编织
10.5cm（26针）起针

14.5cm（40行）
15cm（42行）
3cm(8行)

上下针编织
挑54针　上下针编织
口袋
花样编织C
0.5cm（2行）
8.5cm（24行）
0.5cm（2行）
9cm（18针）起针

款式图

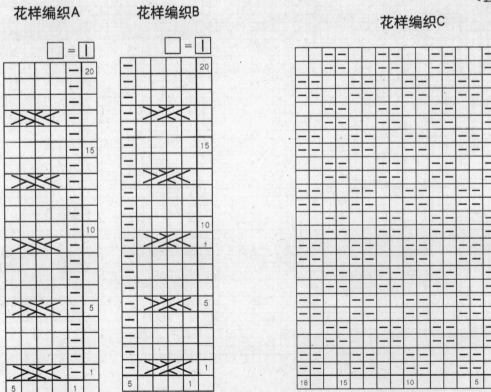

双罗纹编织
后领挑36针　3.5cm（10行）
前领挑38针
衣襻挑47针
（−3针）2-1-3
4针
5针
双罗纹编织挑28针
2cm（6行）
★=15针

花样编织A　**花样编织B**
□=[l]

花样编织C
□=[l]

材　料：
中粗羊毛线白色250g

工　具：
3.6mm棒针

成品尺寸：
衣长39cm、胸围66cm、肩袖长39.5cm

编织密度：
花样编织　30针×34行/10cm
双罗纹编织　28针×34行/10cm

结构图

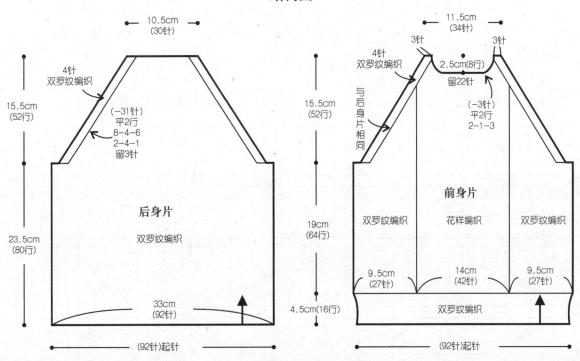

10.5cm
(30针)

4针
双罗纹编织

15.5cm
(52行)

(-31针)
平2行
8-4-6
2-4-1
留3针

后身片

双罗纹编织

23.5cm
(80行)

33cm
(92针)

(92针)起针

11.5cm
(34针)

3针

4针
双罗纹编织

2.5cm(8行)
留22针

3针

与后身片相同

15.5cm
(52行)

(-3针)
平2行
2-1-3

前身片

双罗纹编织　　花样编织　　双罗纹编织

19cm
(64行)

9.5cm
(27针)

14cm
(42针)

9.5cm
(27针)

双罗纹编织

4.5cm(16行)

(92针)起针

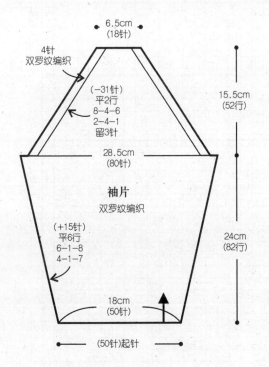

6.5cm
(18针)

4针
双罗纹编织

(-31针)
平2行
8-4-6
2-4-1
留3针

15.5cm
(52行)

28.5cm
(80针)

袖片

双罗纹编织

(+15针)
平6行
6-1-8
4-1-7

24cm
(82行)

18cm
(50针)

(50针)起针

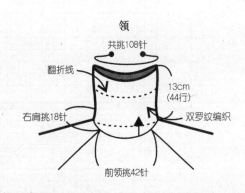

领

共挑108针

翻折线

13cm
(44行)

右肩挑18针

双罗纹编织

前领挑42针

145

花样编织

□ = 1

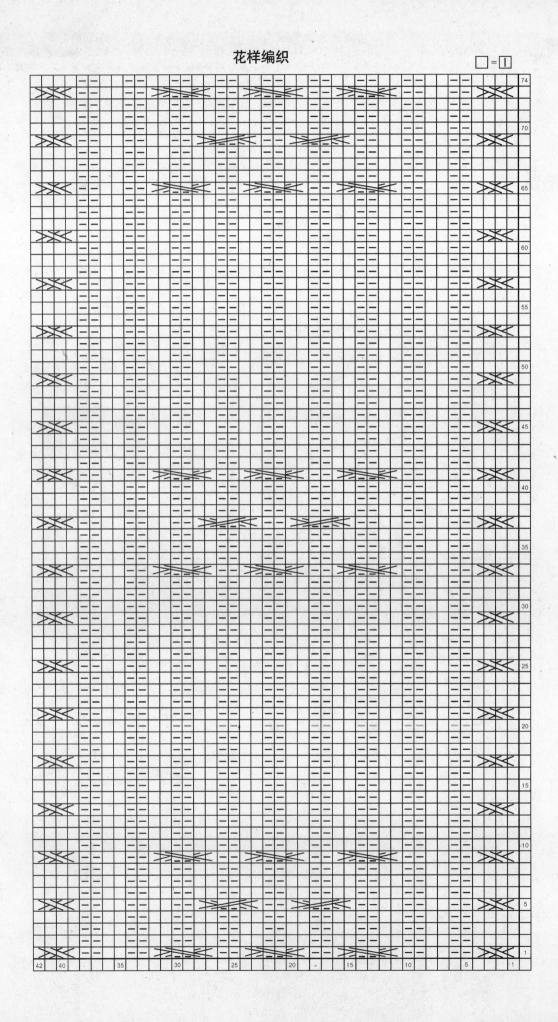

材　料：
中粗羊毛线绿色、白色、驼色各80g，深灰、浅灰、紫色各适量，直径为15mm的纽扣5颗

工　具：
3.6mm棒针

成品尺寸：
衣长33.5cm、胸围70cm、背肩宽26cm、袖长30cm

编织密度：
花样编织A、B，下针编织，双罗纹编织
24针×34行/10cm

结构图

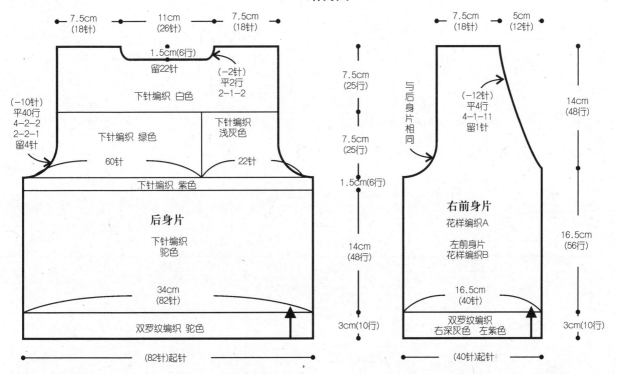

7.5cm (18针)　11cm (26针)　7.5cm (18针)

1.5cm(6行)
留22针
(-2针)
平2行
2-1-2

下针编织 白色

(-10针)
平40行
4-2-2
2-2-1
留4针

下针编织 绿色
下针编织 浅灰色

60针　　22针

下针编织 紫色

后身片

下针编织
驼色

34cm
(82针)

双罗纹编织 驼色

(82针)起针

7.5cm (25行)
7.5cm (25行)
1.5cm(6行)
14cm (48行)
3cm(10行)

与后身片相同

7.5cm (18针)　5cm (12针)

(-12针)
平4行
4-1-11
留1针

14cm (48行)

右前身片
花样编织A

左前身片
花样编织B

16.5cm (56行)

16.5cm (40针)

双罗纹编织
右深灰色　左紫色

3cm(10行)

(40针)起针

袖片下针配色表

第59~92行	驼色34行
第21~58行	白色38行
第1~20行	紫色20行

6cm (14针)

(-26针)
1-1-6
4-2-7
2-2-1
留4针

10.5cm (36行)

27.5cm (66针)

袖片

下针编织

(+8针)
平8行
6-1-8

16.5cm (56行)

21cm (50针)

双罗纹编织 紫色

3cm(10行)

(50针)起针

款式图

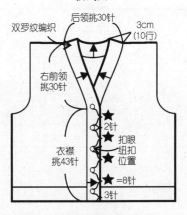

双罗纹编织

后领挑30针　3cm (10行)

右前领
挑30针

右前领
挑30针

2针
扣眼
纽扣
位置

衣襟
挑43针

=8针

3针

领与衣襟：绿色与深灰色各88针

花样编织A　　　　　　　　　　　　　花样编织B

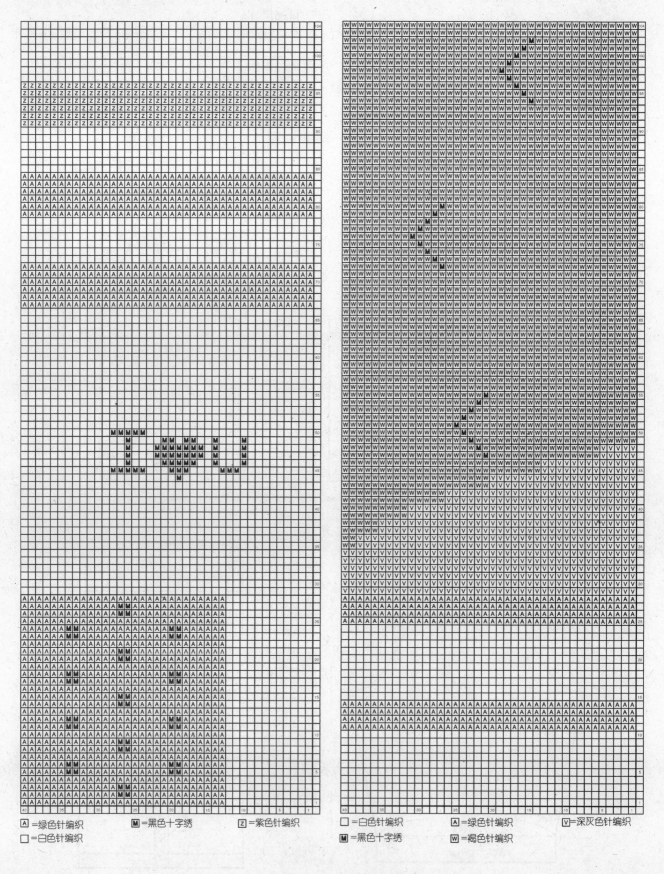

A=绿色针编织　　　　M=黑色十字绣　　　　Z=紫色针编织
□=白色针编织

□=白色针编织　　　　A=绿色针编织　　　　V=深灰色针编织
M=黑色十字绣　　　　W=褐色针编织

148

材　料：
中粗羊毛线深蓝色80g，驼色、麻灰色、灰色、白色、黑色、绿色各30g，直径为20mm的纽扣5颗

工　具：
3.6mm棒针

成品尺寸：
衣长42.5cm、胸围66cm、背肩宽23cm

编织密度：
花样编织、下针编织　24针×32行/10cm

结构图

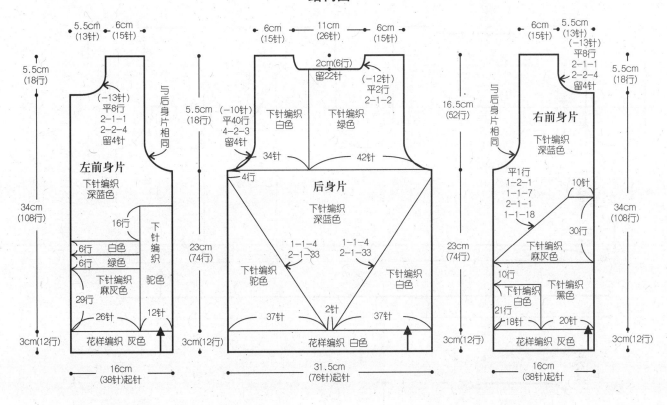

左前身片
下针编织 深蓝色
5.5cm(13针)　6cm(15针)
5.5cm(18行)
(−13针)平8行 2-1-1 2-2-4 留4针
34cm(108行)
与后身片相同
16行
下针编织 驼色
6行　白色
6行　绿色
下针编织 麻灰色
29行
26针
12针
3cm(12行)
花样编织 灰色
16cm(38针)起针

后身片
6cm(15针)　11cm(26针)　6cm(15针)
2cm(6行)留22针
(−12针)平2行 2-1-2
5.5cm(18行)
(−10针)平40行 4-2-3 留4针
下针编织 白色
下针编织 绿色
34针　42针
4行
后身片
下针编织 深蓝色
1-1-4 2-1-33
1-1-4 2-1-33
下针编织 驼色
下针编织 白色
2针
37针　37针
23cm(74行)
3cm(12行)
花样编织 白色
31.5cm(76针)起针

右前身片
6cm(15针)　5.5cm(13针)
平8行 2-1-1 2-2-4 留4针
5.5cm(18行)
16.5cm(52行)
与后身片相同
右前身片
下针编织 深蓝色
平1行 1-2-1 1-1-7 2-1-1 1-1-18
10针
30针
下针编织 麻灰色
10行
下针编织 白色
下针编织 黑色
21针
18针　20针
3cm(12行)
花样编织 灰色
16cm(38针)起针
34cm(108行)
23cm(74行)

款式图

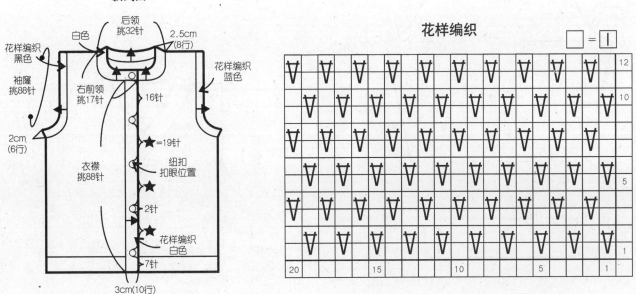

后领挑32针
白色
2.5cm(8行)
花样编织 黑色
袖窿挑88针
花样编织 蓝色
右前领挑17针
16针
2cm(6行)
衣襟挑88针
★=19针
纽扣扣眼位置
2针
花样编织 白色
7针
3cm(10行)

花样编织

□ = |

										12
										10
										5
										1
20		15		10		5		1		

149

材　料：
中粗羊毛线灰色250g，黑色适量

成品尺寸：
衣长34cm、胸围65.5cm、背肩宽25.5cm、袖长28.5cm

工　具：
3.3mm棒针

编织密度：
花样编织、下针编织、双罗纹编织　26针×36行/10cm

结构图

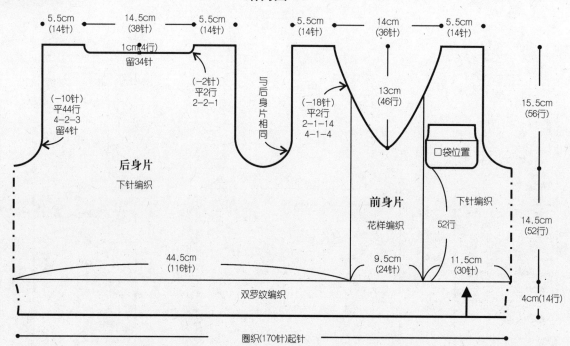

5.5cm
(14针)
14.5cm
(38针)
5.5cm
(14针)
5.5cm
(14针)
14cm
(36针)
5.5cm
(14针)

1cm(4行)
留34针

(−2针)
平2行
2-2-1

与后身片相同

(−18针)
平2行
2-1-14
4-1-4

13cm
(46行)

15.5cm
(56行)

(−10针)
平44行
4-2-3
留4针

口袋位置

后身片

下针编织

前身片

花样编织　下针编织

52行

14.5cm
(52行)

44.5cm
(116针)

9.5cm
(24针)

11.5cm
(30针)

双罗纹编织

4cm(14行)

圈织(170针)起针

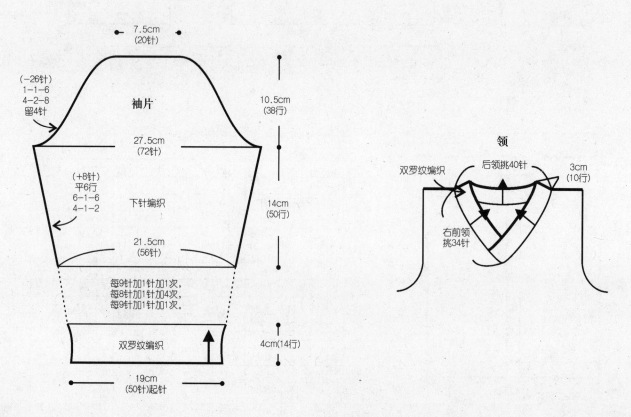

7.5cm
(20针)

(−26针)
1-1-6
4-2-8
留4针

袖片

10.5cm
(38行)

27.5cm
(72针)

(+8针)
平6行
6-1-6
4-1-2

下针编织

14cm
(50行)

21.5cm
(56针)

每9针加1针加1次，
每8针加1针加4次，
每9针加1针加1次。

双罗纹编织

4cm(14行)

19cm
(50针)起针

领

双罗纹编织

后领挑40针

3cm
(10行)

右前领
挑34针

花样编织

口袋

8.5cm
(22针)

双罗纹编织

花样编织B

2cm(8行)

3.5cm(12行)

(+2针)
平10行
1-1-2

7cm
(18针起针)

下摆与袖口双罗纹配色表

第3~14行	灰色12行
第1~2行	黑色2行

领配色表

第9~10行	黑色2行
第1~8行	灰色8行

口袋双罗纹配色表

第7~8行	黑色2行
第1~6行	灰色6行

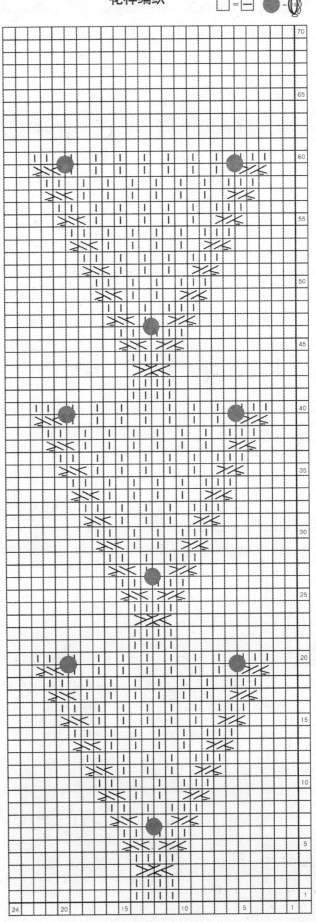

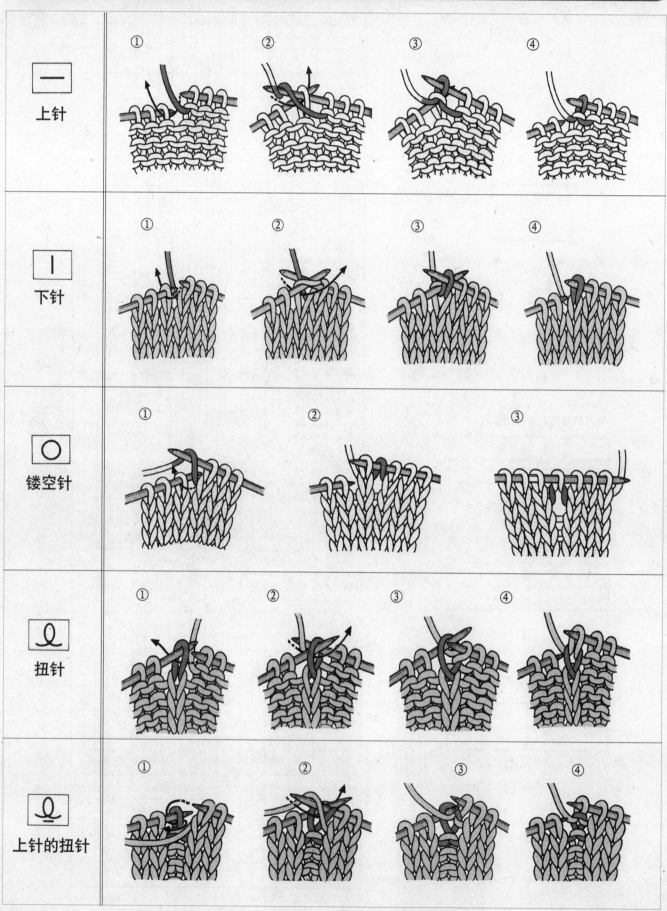

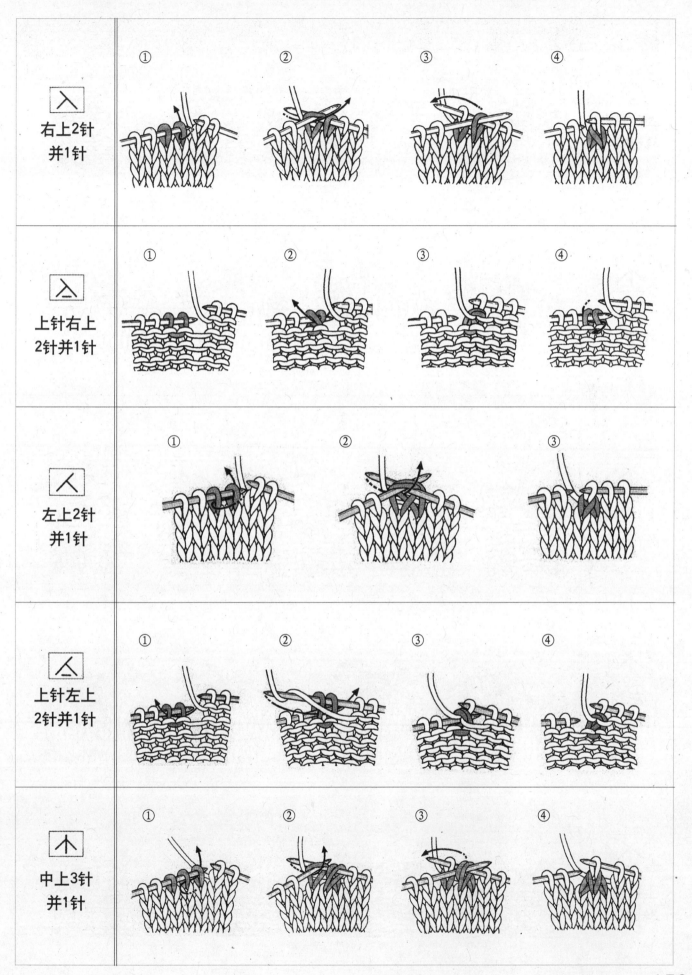

	①	②	③	④
入 右上2针 并1针				
入 上针右上 2针并1针				
人 左上2针 并1针				
人 上针左上 2针并1针				
个 中上3针 并1针				

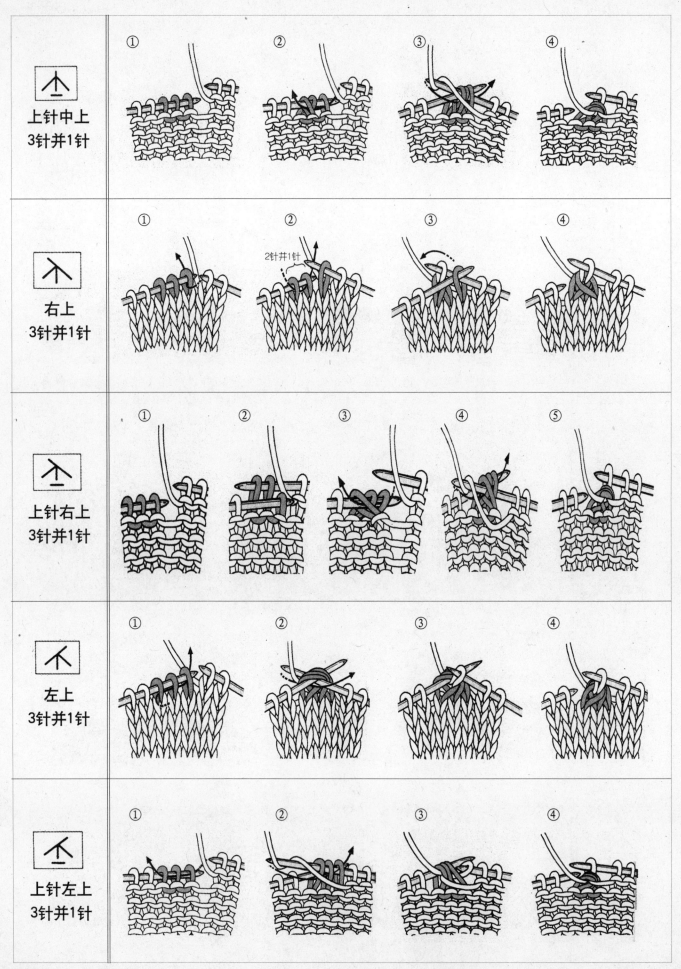

	①	②	③	④	
上针中上 3针并1针					
右上 3针并1针	①	② 2针并1针	③	④	
上针右上 3针并1针	①	②	③	④	⑤
左上 3针并1针	①	②	③	④	
上针左上 3针并1针	①	②	③	④	

154

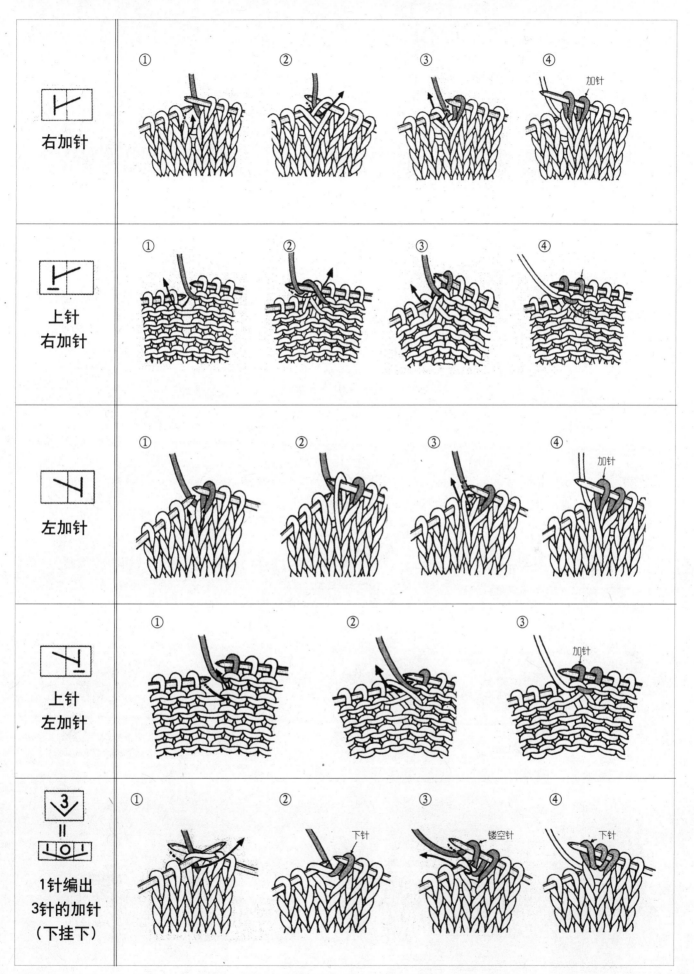

	①	②	③	④
右加针				加针
上针 右加针	①	②	③	④
左加针	①	②	③	④ 加针
上针 左加针	①	②	③ 加针	
1针编出 3针的加针 （下挂下）	①	② 下针	③ 镂空针	④ 下针

	①	②	③	④
3 = **1 - 1** 1针编出 3针的加针 （下上下）	下针		上针	下针
3 = **- O -** 1针编出 3针的加针 （上挂上）		上针	镂空针	上针
4 = **- 1 - 1** 1针编出 4针的加 （上下上下）	下针	上针	下针	上针
5 = **- O 1 O -** 1针编出 5针的加针 （下挂下挂下）	下针	镂空针	镂空针 下针	下针
3 左上3针 并1针 再编织出 3针的加针		下针	镂空针	下针

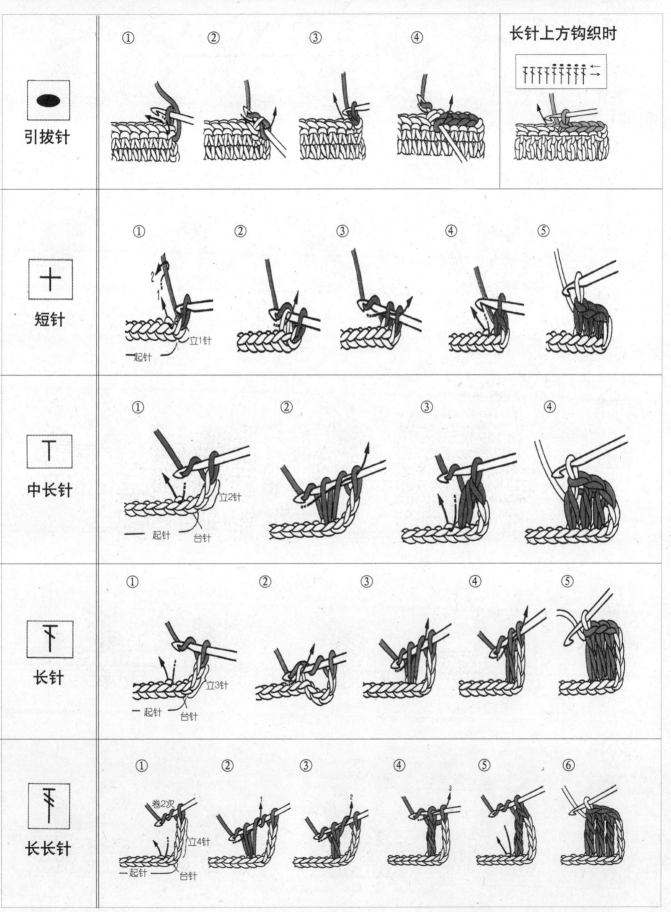

引拔针	①	②	③	④	长针上方钩织时

| 短针 | ① | ② | ③ | ④ | ⑤ |

| 中长针 | ① | ② | ③ | ④ |

| 长针 | ① | ② | ③ | ④ | ⑤ |

| 长长针 | ① | ② | ③ | ④ | ⑤ | ⑥ |

3个卷曲
长针

4个卷曲
长针

狗牙针

狗牙拉针

转角狗牙针

七宝针	①	②	③	④	⑤	⑥
中长3针的枣形针	①	②	③	④	⑤	
从束中钩中长3针的枣形针	①	②	③	④		
变化的中长3针的枣形针	①	②	③			
从束中钩变化的中长3针的枣形针	①	②	③	④		

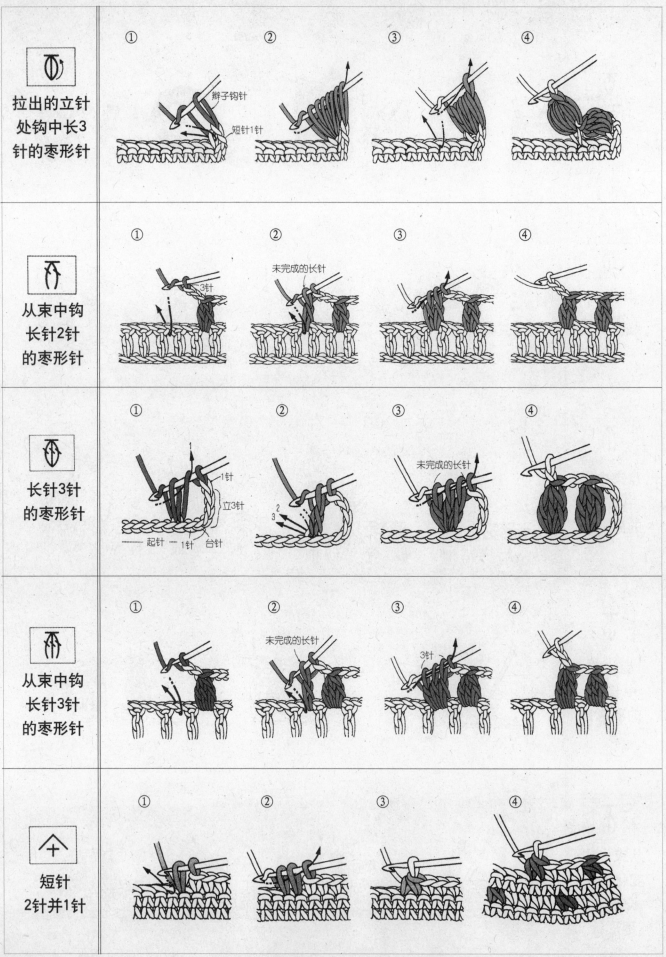

	①	②	③	④
拉出的立针处钩中长3针的枣形针	辫子钩针 短针1针			
从束中钩长针2针的枣形针	3针	未完成的长针		
长针3针的枣形针	1针 立3针 起针 1针 台针	2 3	未完成的长针	
从束中钩长针3针的枣形针		未完成的长针	3针	
短针2针并1针				